# 智慧变电站
# 二次系统技术

《智慧变电站二次系统技术》编委会　编

中国电力出版社
CHINA ELECTRIC POWER PRESS

## 内 容 提 要

本书从二次系统整体架构、二次设备配置原则、继电保护关键技术、自动化关键技术、二次系统调试方法几个方面，综合阐述了智慧变电站二次系统的技术原理及功能配置，全面贴合变电站运行、检修场景，融合了当前先进的二次技术，可读性强，为厂站端自动化及继电保护调试检修人员深入了解智慧变电站提供了素材。

**图书在版编目（CIP）数据**

智慧变电站二次系统技术/《智慧变电站二次系统技术》编委会编．—北京：中国电力出版社，2021.12（2022.5 重印）
ISBN 978-7-5198-5996-1

Ⅰ.①智… Ⅱ.①智… Ⅲ.①智能系统－变电所－二次系统－研究 Ⅳ.①TM63

中国版本图书馆 CIP 数据核字（2021）第 187926 号

---

出版发行：中国电力出版社
地　　址：北京市东城区北京站西街 19 号（邮政编码 100005）
网　　址：http://www.cepp.sgcc.com.cn
责任编辑：陈　倩（010-63412512）
责任校对：黄　蓓　马　宁
装帧设计：赵丽媛
责任印制：石　雷

---

印　　刷：三河市万龙印装有限公司
版　　次：2021 年 12 月第一版
印　　次：2022 年 5 月北京第二次印刷
开　　本：710 毫米×1000 毫米　16 开本
印　　张：9.25
字　　数：141 千字
定　　价：38.00 元

---

# 编　委　会

主　任　刘景立

副主任　马国立　曾　军　王　强

委　员　高　岩　王光华　胡文丽　管敏丽

# 编　写　组

主　编　高　龙　张　雷

副主编　曹　磊　王　艳　翟雨濛　崔　良

　　　　赵军愉　孟睿铮

参　编　袁　龙　李晓影　杨立波　任江波

　　　　张保平　王　锐　耿少博　蔡桂华

　　　　赵　鹏　马　斌　金丽萍　万红燕

　　　　常风然　石　宇　樊茂森

# 前　言

随着变电站智能技术的飞速发展，基于信息开放与信息共享的智慧变电站正在大规模推广建设。为确保电网的安全稳定运行，调控机构对厂站端自动化及继电保护技术、管理水平提出了更高的要求。为适应智慧变电站新技术、新形势发展的需要，国网河北省电力有限公司、国网保定供电公司、华北电力大学特组织调度自动化及继电保护专业人员编写《智慧变电站二次系统技术》一书，用以提高厂站端自动化及继电保护调试检修人员的运行维护水平。

本书所选内容涵盖了智慧变电站常用二次新技术和设备调试检修方法。全书共分四章，第一章介绍了智慧变电站二次系统架构及二次设备配置原则；第二章介绍了智慧变电站智能录波、继电保护态势感知及远程运维技术；第三章介绍了智慧变电站自动化冗余测控、在线监测等技术；第四章介绍了智慧变电站继电保护装置调试方法及自动化设备调试方法。

本书编写工作具体如下：第一章由国网保定供电公司高龙、李晓影、崔良，华北电力大学王艳及国网河北省电力有限公司杨立波、任江波编写；第二章由国网保定供电公司曹磊、张保平、张雷、王锐、石宇及国网河北省电力有限公司耿少博编写；第三章由国网保定供电公司蔡桂华、赵鹏、孟睿铮、樊茂森及国网河北省电力有限公司马斌编写；第四章由翟雨濛、赵军愉、金丽萍、万红燕及国网河北省电力有限公司常风然、袁龙编写。

由于编者水平有限，书中出现错误和不当之处在所难免，恳请各位同行和读者给予指正。

编　者

2021 年 3 月

# 目　录

# 第一章 智慧变电站概述

作为电力系统中不可缺少的重要环节，变电站担负着电能量转换和电能重新分配的任务，对电网的安全和经济运行起着举足轻重的作用。

变电站的发展大致经历了以下几个阶段：

（1）常规变电站。变电站远动技术就是早期的自动化技术，20 世纪 80 年代中期出现的远方终端（remote terminal unit，RTU）就是伴随 SCADA 系统的应用和发展起来的，是 SCADA 系统的基本组成单元。与调控中心相连，利用微处理技术和通信技术实现包括遥测、遥信、遥控和遥调在内的“四遥”功能。

（2）综合自动化变电站。随着微电子技术、计算机技术和通信技术的发展，20 世纪 90 年代中后期，变电站综合自动化技术得到了快速发展，综合自动化变电站一次设备同传统变电站没有很大差别，主要是将二次设备（包括测量仪表、信号系统、继电保护、自动装置和远动装置等）经过优化组合，利用新技术实现对全变电站主要设备和输、配电线路的自动化监视、测量、控制和微机保护等。系统主要采用分层分布式结构布置 ，功能分配上采用功能下发原则，凡可以在本间隔就地完成的功能不依赖通信网和主站。

（3）数字化变电站。由电子式互感器、智能化终端、数字化保护测控设备、数字化计量仪表、光纤网络和双绞线网络以及 IEC 61850 规约组成的全智能的变电站模式，按照分层分布式来实现变电站内智能电气设备间信息共享和互操作性的现代化变电站。

（4）智能变电站。采用先进、可靠、集成、低碳、环保的智能设备，以全站信息数字化、通信平台网络化、信息共享标准化为基本要求，自动完成信息采集、测量、控制、保护、计量和监测等基本功能，并可根据需要支持电网实时自动控制、智能调节、在线分析决策、协同互动等高级功能的变电站。

（5）智慧变电站。即第三代智能变电站，智慧变电站汲取前期变电站设计建设经验，采用先进传感技术对设备状态参量、安防、消防、环境、动力等进行全面采集，充分应用现代信息技术，体现本质安全、先进实用、面向一线、运检高效，状态全面感知、信息互联共享、人机友好交互、设备诊断高度智能、运检效率大幅提升，并支撑“能源互联网”的建设。

智慧变电站是应用大数据、云计算、物联网、移动互联、人工智能等现代信息技术，在发电端、电网、输电线路、营配终端、用户电表、综合能效、储能等诸多环节，采用“全面感知”的先进传感技术实现电力系统各环节万物互联的智慧服务系统。

智慧变电站概念的提出，充分围绕“坚强智能电网和能源互联网”工作思路，借鉴现有智能变电站成熟应用经验，应用通信数据网和人工智能、移动互联等现代信息技术，是智能电网建设的重要一环。智慧变电站贯彻“一体设计、数字传输、标准接口、远方控制、智能联动、方便运维”等设计理念，落实“防火耐爆、免（少）维护、标准设备、绿色环保”等设备选型要求，可实现“倒闸操作一键顺控、站内设备自动巡检、人员行为智能管控、主辅设备智能联动、设备异常主动预警、故障跳闸智能决策、资产全寿命周期管理”等智能应用，智慧变电站对国家电网未来的发展及我国未来能源结构的布局优化具有十分重要的意义。

## 第一节　智慧变电站二次系统架构

智慧变电站二次系统应坚持“可靠性、可用性、可维护性和安全性”的基本技术原则，按照“标准化、网络化、服务化、智能化”的发展方向，满足能源互联网建设需求。优先选用成熟的标准化设备，在确保安全的前提下，结合现场业务需求，试点应用新技术和新设备，促进创新和发展。应按无人值班模式进行变电站设计，完善数据采集类型，规范信息采集、处理和传输流程，提高数据质量，全面提升运维监控水平。积极应用信息、通信和人工智能技术，构建基于容器和微服务框架的站级数据平台和应用平台，提高变电站智能化水平，提升运维管理效率，降低全寿命周期成本。

## 一、系统构成

智慧变电站二次系统构成如图 1-1 所示。采用开放式分层分布式网络结构，由站控层、间隔层、过程层组成，各层之间通过通信网络相连，实现数据采集、传输、处理的数字化和共享化。

### 1. 站控层

站控层由监控主机、数据通信网关机、综合应用服务器和其他各类应用服务器组成，提供站内操作的人机界面，实现主设备和辅助设备监控功能，并为远方调控中心提供数据和服务。

### 2. 间隔层

由测控、保护、安稳、计量、故障录波（智能录波器）、相量测量、辅助监控等设备或子系统组成，实现单个或多个间隔的采集和控制功能。在站控层及网络失效的情况下，应仍能独立完成本间隔的大部分功能。

保护装置采用常规保护装置，不采用光纤化保护装置，电缆采样、操作箱跳闸。

### 3. 过程层

由过程层采集执行集成装置构成，实现合并单元、智能终端功能，包括实时运行电气量的采集、设备运行状态的监测、控制命令的执行等。

## 二、网络结构

智慧变电站网络结构如图 1-2 所示。

控制区（安全区Ⅰ）与非控制区（安全区Ⅱ）之间应采用硬件防火墙实现逻辑隔离；生产控制大区与管理信息大区之间通信应采用正反向安全隔离装置。

站控层网络采用星形以太网络，110（66）kV 及以上电压等级采用双星形，35kV 可采用单星形。

过程层网络宜采用间隔内点对点、跨间隔组网方式。间隔测控装置与过程层集成装置之间采用点对点方式直连，PMU、冗余后备测控装置等设备与过程层集成装置之间采用组网方式连接。

过程层组网时宜按电压等级分别组网，多个间隔共用一台交换机。

35kV（10kV）电压等级不配置独立的过程层网络。

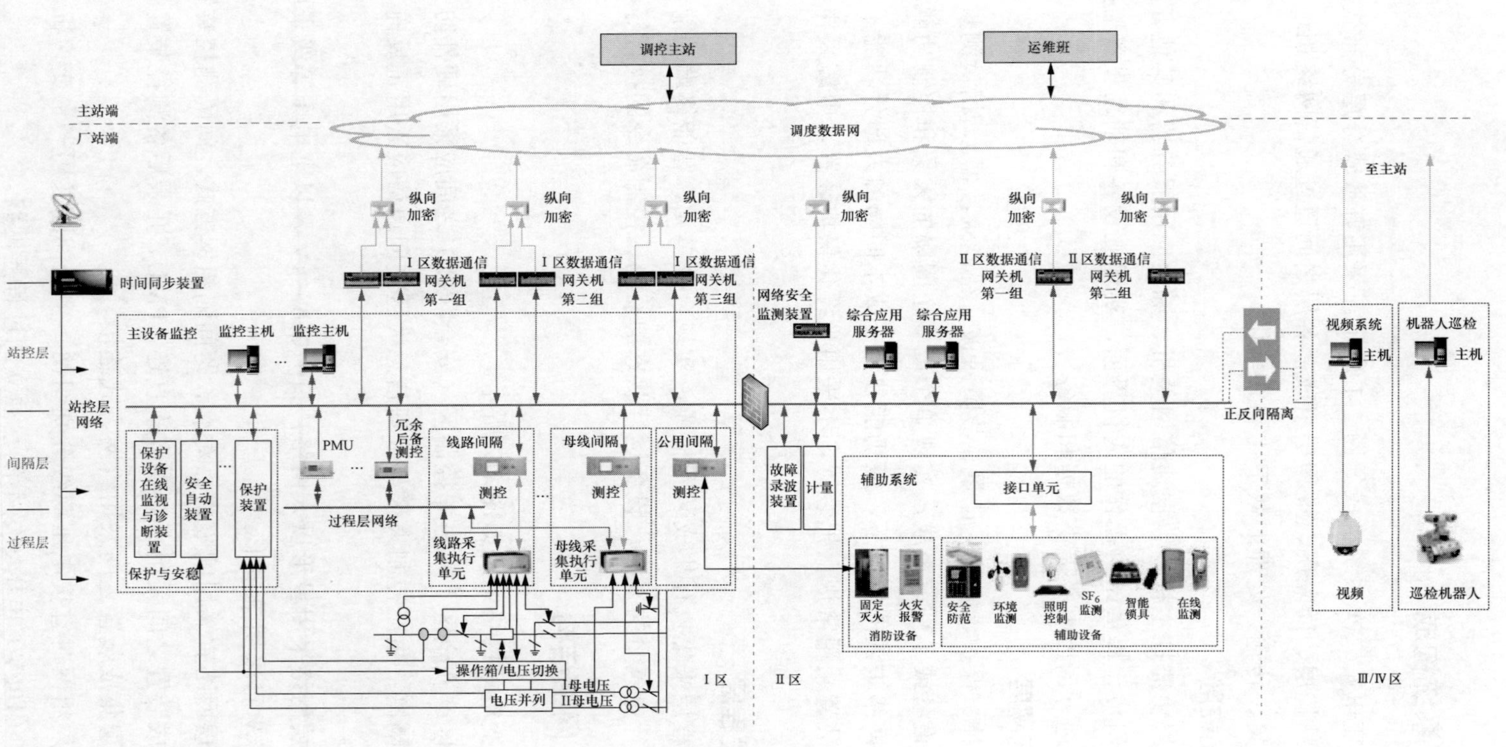


图 1-1　智慧变电站二次系统结构

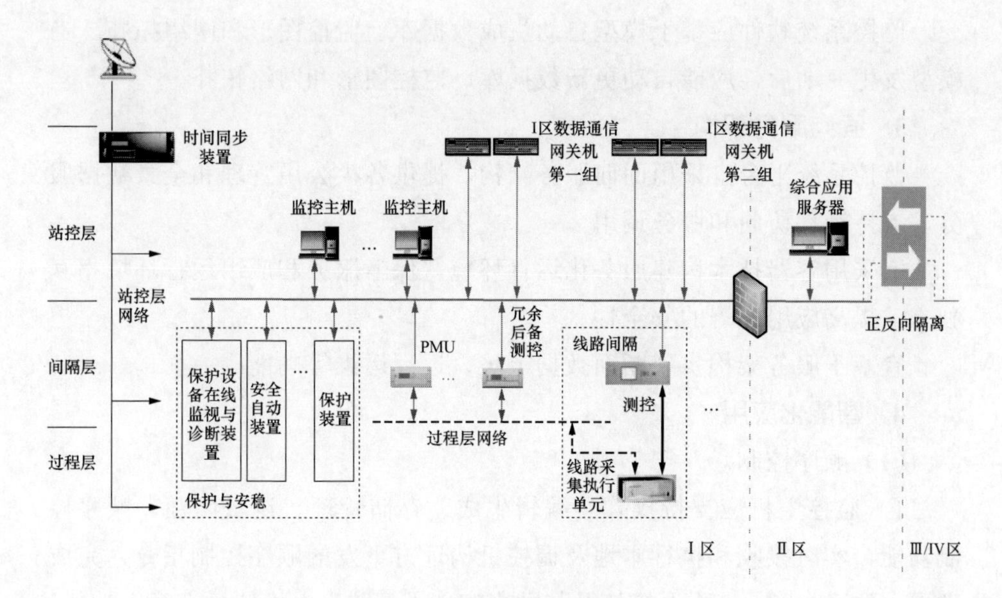


图 1-2 智慧变电站网络结构

保护装置独立于过程层网络，通过电缆直采直跳，过程层网络为自动化专网。

## 三、数据与应用

### 1. 数据采集

（1）数据采集范围参照 Q/GDW 11398—2015《变电站设备监控信息规范》执行，并在其基础上增加：①交直流电源、消防等重要的辅助监控信息；②同步时钟的经纬度信息；③温湿度、风力、光照等环境监测信息。

（2）站内采集和数据通信网关机上传的数据应带时标。

### 2. 统一建模

监控系统应集成系统配置和统一建模工具，集成站内所有 IED 的模型，完成电气主接线、变电站功能、运行参数、设备间数据流、网络架构及拓扑结构等配置。

系统配置工具应具备模型文件规范性验证、版本变更、修改审核功能，支持按间隔解耦，改扩建时智能隔离无关设备和配置。

系统配置工具应支持输出 SSD 文件、虚端子配置表、通信配置表、SVG 或 CIM/G 图形。

监控系统软件应基于模型自动生成数据库、监控图形和网络拓扑。当模型发生变动后，应能自动更新数据库、监控图形和网络拓扑。

**3. 面向服务架构**

监控系统平台宜采用面向服务架构，提供各类公用管理和全景数据服务，支持远程访问和服务调用。

宜采用容器技术构建服务化运行环境，保障服务和应用运行环境相互独立，提高应用部署的安全性。

宜基于服务架构实现断面数据上传、远程运维等功能。

**4. 智能化应用**

（1）顺序控制。

1）监控主机应支持操作票编辑生成、存储管理、逻辑闭锁、顺序控制功能，实时接收和执行本地及调控机构远方下发的顺序控制指令，完成调票、预演、执行、防误校核及与站内智能“五防”主机信息交互等功能，并上送执行结果。

2）I 区第一组数据通信网关机完成顺序控制指令接收、安全验证、转发及执行结果上送等功能。

3）顺序控制应具有详细的操作和事件记录功能。

（2）智能告警。

1）建立变电站逻辑模型并进行在线实时分析，实现变电站告警信息的分类分组、告警抑制、告警屏蔽和智能分析。

2）自动报告变电站异常并提出故障处理指导意见，也为主站分析决策提供依据。

（3）自动调试验证。

1）具有仿真模拟手段，完成对自动化设备的模型/配置校验、信息点表（远动定值单）校核、开出传动试验、自动对点等自动调试验证工作。

2）应实现 DL/T 860 通信仿真、测试用例自动生成、信号自动发送、测试结果自动校核等功能。

（4）远程监视与管理。

1）支持远程监视与管理服务，通过服务注册、审批、定位和调用等功能，实现变电站自动化设备的应急管理、复位、历史记录调阅、转发表数据查询等运维工作。

2）具有软件版本校核功能，在线采集装置软件版本，并将校核结果上送调控主站。

（5）智能录波器。

智慧变电站智能录波器具备二次系统状态感知与安全检测、状态评估、故障诊断、故障录波、网络分析及智能安措等功能，为变电站二次系统的日常运维、异常处理、事故分析以及检修等工况提供多维度的可视化信息支撑、决策及安全操作依据。

（6）继电保护装置运行态势感知及远程运维。

基于调度端的继电保护装置运行态势感知判别方法，是利用 IEC 61850 标准以及站端保护功能判别机制完成的，主站端通过获取厂站端继电保护设备信息，利用综合逻辑推理机制实现保护功能异常定位。

随着大量新型高质量智能保护的使用，研究制定辅助决策可以减轻现场检修人员的工作负担，节约可观的检修费用。比如，当系统某一回路发生异常，对于简单的问题，不需要耗费很大的人力与财力，但是对于非常隐蔽的问题，则需要耗费很长的时间、大量人力与财力，而且效果不一定理想，而通过告警信息的处理，则可以快速定位问题，提高运维的针对性和有效性。

## 四、新技术研究与试点应用

### 1．宽频测量系统

宽频测量系统采集模拟的电压、电流信号，实现电网信号宽频域范围内基波、谐波和间谐波信号统一测量。

在新能源接入、大型工业负荷等电力电子设备应用较多，或电网中谐波、间谐波、次同步振荡等扰动现象较多的变电站，可根据实际应用场景需要，按 4～6 个间隔单套配置。

### 2．多功能测控装置

多功能测控装置集成测控、同步相量测量和非关口计量等功能，实现单间隔自动化功能的高度集成，如图 1-3 所示。

### 3．集群测控装置

集群测控装置由一组测控装置组成，单台测控装置即可以实现若干个逻辑间隔的测量与控制功能，由 2～3 台装置即可实现对全站的测量与控制，在实现测控装置冗余备用的基础上，大幅减少设备数量，如图 1-4 所示。

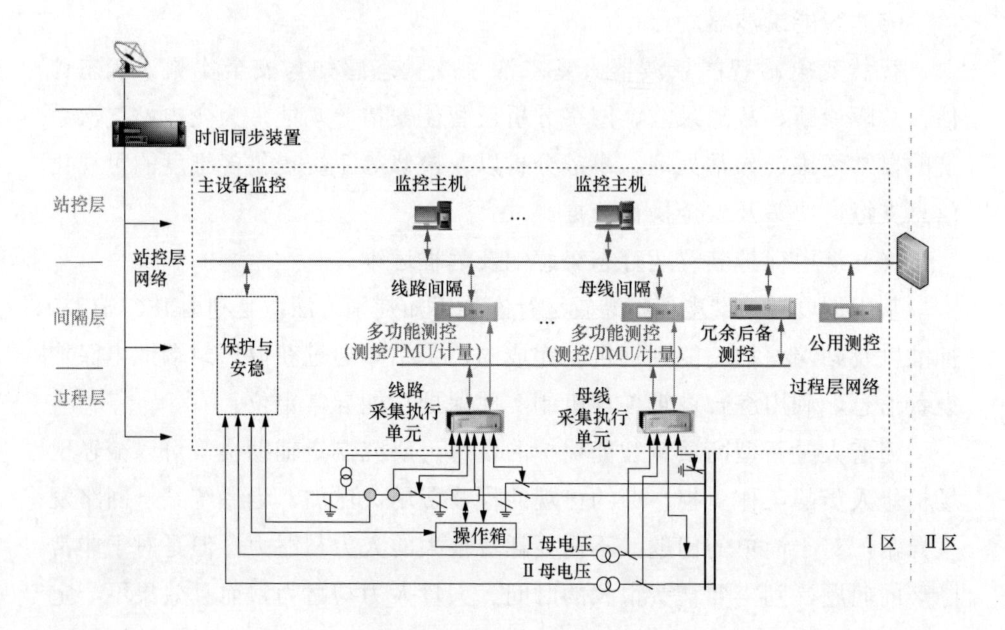


图 1-3　多功能测控示意图

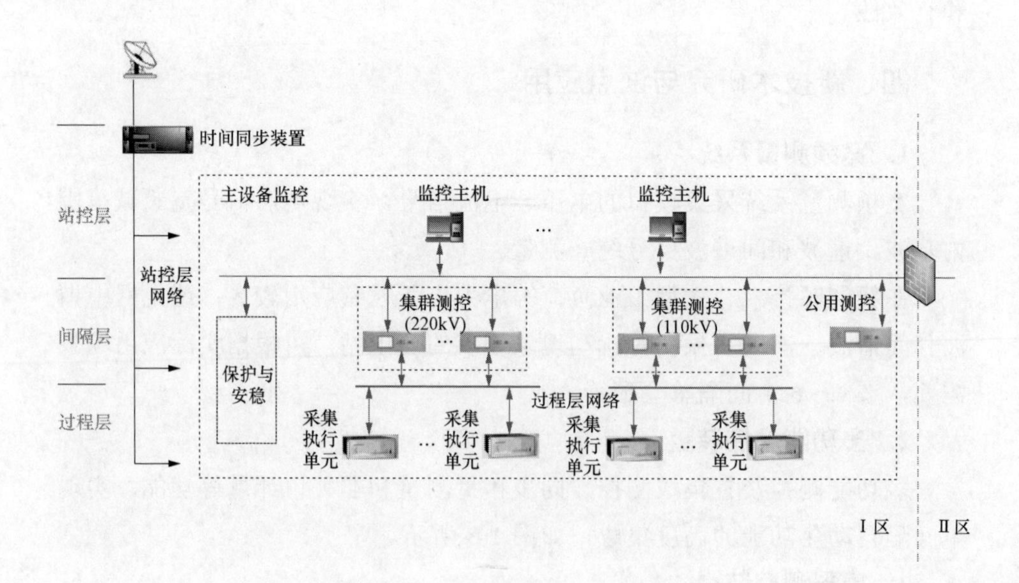


图 1-4　集群测控示意图

**4. MMS 协议国产替代**

研究开发 DL/T 860 到通用实时服务协议的规约映射软件，在间隔层测控装置与站控层通信环节应用。

## 第二节 智慧变电站二次设备配置原则

### 一、站控层设备

站控层设备包括监控主机、数据通信网关机、综合应用服务器、网络安全监测装置等，如图 1-5 所示。

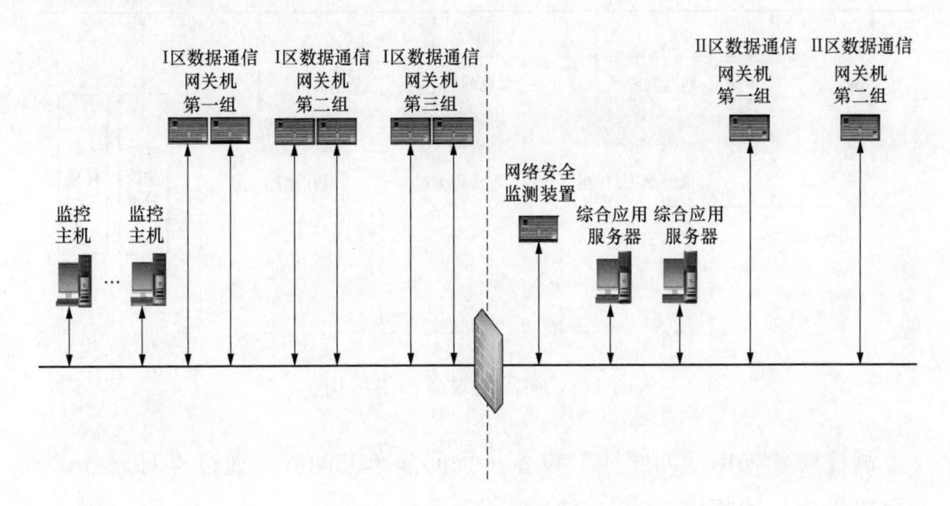


图 1-5 站控层设备网络结构

监控主机应双套配置，实现主设备监控功能，支持全站防误操作闭锁，支持站内和远方一键式顺序控制。

数据通信网关机应根据业务分组配置。I 区配置三组，第一组实现实时调控数据传输，第二组实现同步相量数据传输，第三组实现远程浏览、二次设备状态信息传输及服务化应用；II 区配置两组，第一组实现保护信息传输，第二组实现辅助监控信息传输。I 区数据通信网关机双套配置，II 区数据通信网关机宜单套配置，分组数量根据业务实际需求灵活配置。

综合应用服务器双套配置，实现辅助监控信息接入、站内运维、版本管控等功能。

网络安全监测设备单套配置，布置在Ⅱ区，实现Ⅰ/Ⅱ区网络安全的实时监控。

## 二、间隔层设备

间隔层设备包括测控装置、冗余后备测控装置、保护测控集成装置、相量测量装置（PWU）等，如图 1-6 所示。

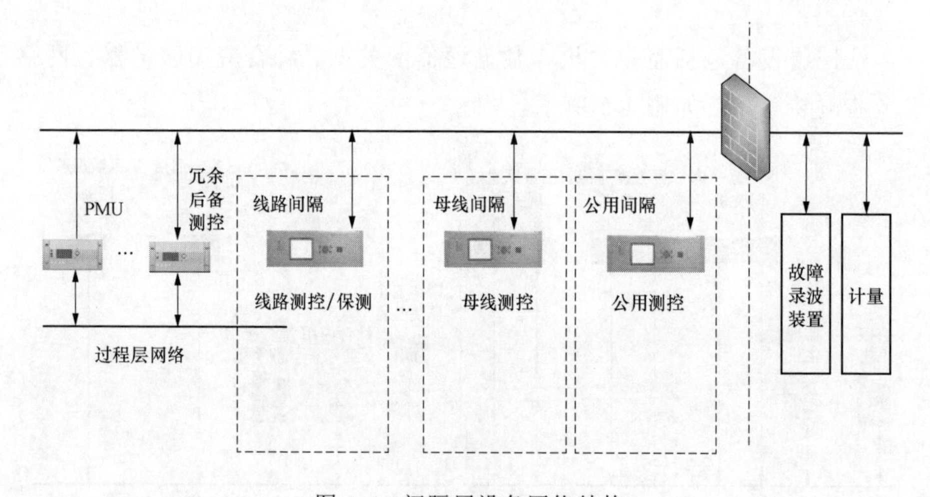


图 1-6　间隔层设备网络结构

测控装置采用“四统一”设备，按间隔单套配置，通过点对点方式与过程层集成装置相连。

冗余后备测控装置按电压等级配置，通过过程层网络接入最多 15 个间隔数据。除公用测控外，间隔、母线、主变压器等测控装置故障或检修退出时，自动或手动投入冗余备用功能，实现功能迁移。

35（10）kV 采用保护测控集成装置，除母线外不独立配置测控装置。

公用测控装置采用硬开入方式接入站内公共信号、电源及火灾报警等设备信号，实现对公用设备等的控制。

相量测量装置根据实际应用场景需要，按 4～6 个间隔单套配置，通过过程层网络采集 SV 报文，并经过专用交换机与数据集中器通信。

保护装置配置原则与常规变电站相同，不是本书讨论的重点，不再赘述。

## 三、过程层设备

过程层采用集成化的采集执行单元，具有模拟量、数字量采集和控制输出功能，可通过模拟量直接接入常规互感器信号，或通过数字接口接入电子式互感器信号。应采用模块化插件式设计，支持模块化维护和更换，根据工程实际情况，可灵活配置插件类型和数量。采用高防护、低功耗硬件，支持就地汇控柜和设备舱方式安装，能在－40～＋70℃环境下长寿命运行，如图 1-7 所示。

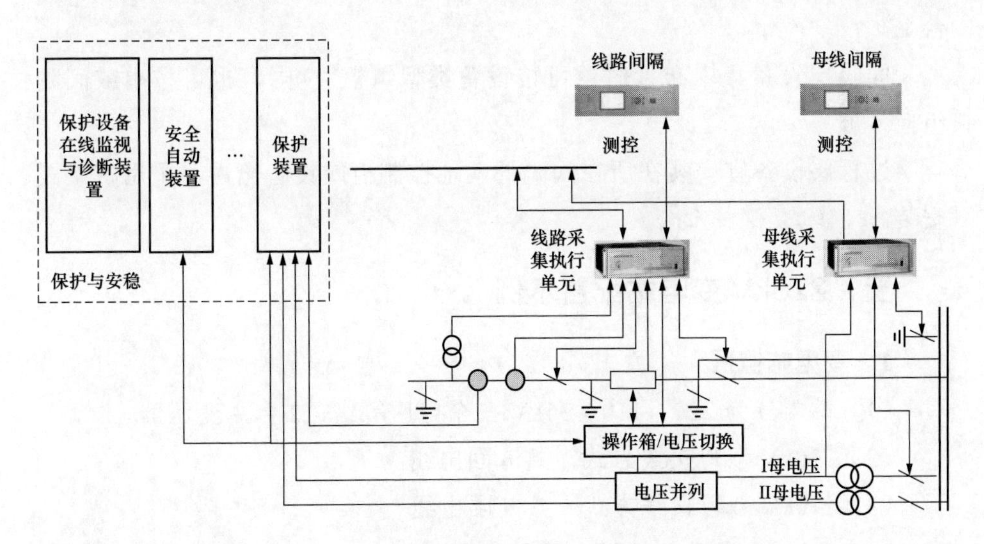


图 1-7　过程层设备连接图

全站需配置电压并列装置及操作箱，用于保护及安全自动装置电压采样及跳闸。该部分与常规变电站相同，不再赘述。

采集执行单元按间隔单套配置，母线按分段单套配置，与保护共用断路器操作箱。基于不同应用场景预配置虚端子信号，减少工程配置和维护工作量。

全站应配置统一的时间同步系统并具备时间同步监测功能，实现全站设备对时功能。主时钟设备双套配置，扩展时钟按需配置。

应支持北斗系统和 GPS 授时，优先采用北斗系统。站控层设备宜采用 SNTP 对时方式，间隔层和过程层设备宜采用 IRIG-B 对时方式。主时钟实现对站内授时设备的时间同步状态监测。

站控层和过程层交换机应采用工业级设备。站控层交换机宜按照设备室或按电压等级配置，交换机端口数量应满足扩展需求。过程层交换机宜按多个间隔集中配置，并留有适量的备用端口。

应配置双套电力数据网接入设备及安全防护设备，满足双平面接入要求。

## 四、设备布置及组柜原则

站控层设备宜组屏安装，显示器根据运行需要进行组屏或布置在控制台上。

间隔层设备集中布置时，可按设备类型组柜（屏），也可按串或间隔组柜（屏）。

过程层设备宜安装在所在间隔的就地控制柜或设备舱内，采用机架式安装。

## 五、220kV变电站配置示例

### 1. 变电站概况

（1）站内分为220、110、35kV三个电压等级，2台主变压器。

（2）220kV双母接线方式，共6回出线。

（3）110kV双母接线方式，共9回出线。

（4）35kV单母分段接线方式，共6回出线、4组电容器、2组站用变压器。

### 2. 站控层设备配置清单（见表1-1）

**表1-1　站控层设备配置清单**

| 设备名称 | 数量/台 | 备注 |
|---|---|---|
| Ⅰ区监控主机 | 2 | |
| Ⅱ区综合应用服务器 | 1 | |
| Ⅰ区第一组数据通信网关机 | 2 | |
| Ⅰ区第二组数据通信网关机 | 2 | |
| Ⅰ区第三组数据通信网关机 | 2 | |
| Ⅱ区第一组数据通信网关机 | 1 | |

续表

| 设 备 名 称 | 数量/台 | 备 注 |
|---|---|---|
| Ⅱ区第二组数据通信网关机 | 1 | |
| 主时钟 | 2 | |
| 扩展时钟 | 1 | |
| 网络安全监测设备 | 1 | |

### 3. 间隔层设备配置清单（见表 1-2）

**表 1-2　　间隔层设备配置清单**

| 设 备 名 称 | 数量/台 | 备 注 |
|---|---|---|
| 测控装置 | 28 | 线路×15，母线×3，主变压器×8，公用×2 |
| 冗余后备测控装置 | 2 | 220/110kV 各 1 台 |
| 保护测控集成装置 | 14 | 线路×6，电容器×4，站用变压器×2，母线×1，分段×1 |
| 交换机 | 12 | 站控层×8＋过程层×4 |

### 4. 过程层设备配置清单（见表 1-3）

**表 1-3　　过程层设备配置清单**

| 设 备 名 称 | 数量/台 | 备 注 |
|---|---|---|
| 采集执行单元装置 | 27 | 线路×15，母线×4，主变压器×8 |

### 5. 组屏方式

（1）站控层。

Ⅰ区监控主机组 1 面柜（屏）。

Ⅱ区综合应用服务器组 1 面柜（屏）。

Ⅰ区第一组数据通信网关机组 1 面柜（屏），包括 2 台通信网关机、2 台Ⅰ区站控层交换机。

Ⅰ区第二组数据通信网关机组 1 面柜（屏），包括 2 台通信网关机、2 台防火墙。

Ⅰ区第三组数据通信网关机组 1 面柜（屏），包括 2 台通信网关机、2 台防火墙。

Ⅱ区第一组数据通信网关机和第二组数据通信网关机组 1 面柜（屏），

包含 2 台通信网关机、2 台正向隔离装置。

调度数据网设备组 3 面柜（屏），每面柜（屏）包括含 1 台路由器、2 台数据网交换机、2 台纵向加密装置。

时钟同步系统，主时钟组 1 面柜（屏），扩展柜根据需要配置。

（2）间隔层。

220/110（66）kV 线路间隔按照 4 台测控装置组 1 面柜（屏）。

主变压器高、中、低压及本体测控装置组 1 面柜（屏）。

110（66）kV 及以上母线测控组 1 面柜（屏），35（10）kV 母线测控就地安装于母线设备柜。

全站公用测控组 1 面柜（屏）。

冗余后备测控装置集中组 1 面柜（屏）。

PMU 设备及集中器组 1～2 面柜（屏）。

4～6 台交换机组 1 面柜（屏）。

# 第二章 智慧变电站继电保护关键技术

作为切除电网设备故障的第一道防线和防止事故扩大造成停电事故的最后一道屏障，继电保护是保证电力设备安全、防范杜绝大面积停电事故的最根本、最直接、最重要、最有效的手段，承担着重大的安全责任。随着智慧变电站的发展，大量新型智能装置和智能技术得到了应用，在 IEC 61850 的技术框架下，唯一的通信标准、标准化的报文数据传递、信息的自描述功能等为继电保护信息的收集提供了保障，为实时的继电保护运行管理提供了强有力的技术支持。

## 第一节 智能录波技术

智慧变电站智能录波器具备二次系统状态感知与安全检测、状态评估、故障诊断、故障录波、网络分析及智能安措等功能，为变电站二次系统的日常运维、异常处理、事故分析以及检修等工况提供多维度的可视化信息支撑、决策及安全操作依据。

### 一、系统架构

#### 1. 系统定位

智能录波器从过程层网络、过程层专网和站控层网络获取信息，实现可视化在线监测及智能诊断等应用，支持远端上送功能。

如图 2-1 所示，智能录波器通过接入过程层网络/过程层专网获取 SV、GOOSE 原始报文及其他相关监测信息，并获取智能终端、合并单元相关信息；通过接入站控层网络获取保护装置、测控装置、交换器等状态信息及功能信息。在此系统架构下，智能录波器可获取全站全景数据信息，对于智能变电站的二次设备状态估计及诊断、网络安全检测、可视化安措等关键技术有着重大的意义。

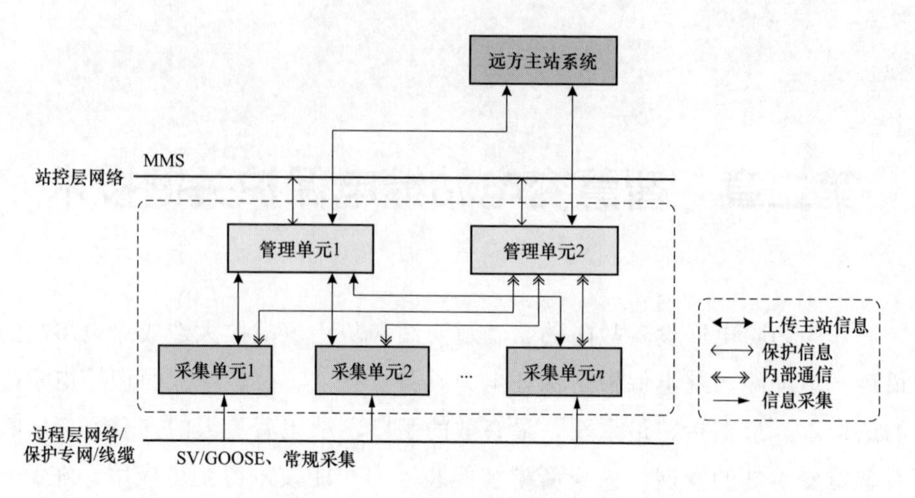


图 2-1　智能录波器系统框架图

**2. 信息采集**

智能录波器需采集过程层及站控层信息，主要有以下内容：

（1）过程层包含智能终端、合并单元，主要信息有 GOOSE、SV 原始报文，GOOSE、SV 状态监测信息，设备自身监测信息，光功率监视，光强越限，通信链路监视，对时状态等，通过网络分析功能采集 GOOSE、SV 原始报文及状态监测信息，智能终端、合并单元自身监测信息，通过 GOOSE 发送给测控装置，测控装置通过 MMS 报文上送到站控层。

（2）站控层包含保护装置、测控装置、智能录波器、交换器等，主要信息有 CPU、Flash 等 IC 芯片、电源 A/D、开入、开出、通信、时钟等状态、设备自身监测信息及功能信息、网络设备的实时信息，其中测控、保护智能录波器的监测信息直接从 MMS 网采集，交换机信息通过 DL/T 860 采集。

**3. 远端功能**

智能录波器具备较强的远端维护功能：

（1）支持保护事件、告警、开关量变化、通信状态变化、定值区变化、定值不一致、配置不一致等突发信息应主动上送给远端主站。

（2）支持故障录波文件（包括中间节点文件）、智能诊断结果文件应主动发送提示信息给远端主站，并在远端主站召唤时上送文件。

（3）能够同时向多个远端主站传送信息。支持按照不同远端主站定制信息的要求向远端主站发送不同信息。支持定制信息的优先级。

（4）支持远端主站远程召唤模拟量数据、定值数据、历史数据及其他文件，为远端主站提供远程浏览服务；远程浏览只允许浏览，不允许操作。远程浏览内容包括二次设备状态、二次虚回路实时连接状态图等。

#### 4. 可视化展示

智能录波器为运维人员提供灵活方便的人机交互手段，实现对测量信息、设备状态信息的实时监视，采用面向对象技术，具备图、模、库一体化技术，生成单线图的同时，自动建立网络模型和网络库，具备全图形人机界面，画面可以显示来自不同分布节点的数据，所有应用均采用统一的人机界面，显示和操作手段统一，按照层级关系对智能变电站全站虚回路进行展示，包括全站、各电压等级、各间隔、各 IED 设备。

#### 5. 技术指标

（1）18 路 100Mbit/s 光以太网接口＋6 路 1000Mbit/s 光以太网接口。

（2）4 个 100Mbit/s/1000Mbit/s 自适应 RJ45 以太网接口。

（3）1 路光 IRIG-B/PPS 对时接口，1 路电 IRIG-B/PPS 对时接口，4 路开出硬接点。

（4）硬盘容量：2TB，可扩展。

（5）数据循环覆盖，存储时间最小间隔 10min，可记录保存历史数据不少于 100 天。

（6）数据记录硬件时标分辨率优于 40ns。

（7）单端口最大处理能力：100Mbit/s（100Mbit/s 光以太网口）、600Mbit/s（1000Mbit/s 光以太网口）。

（8）装置总体处理能力：1600Mbit/s。

（9）电源电压：85～264V AC 或 110～300V DC，功能消耗小于 80W。

### 二、网络架构

智能录波器的网络架构如图 2-2 所示。

其中采集单元报文接入能力如下：

（1）端口总接收能力：16Mbit/s（在 4000Hz 采样率下约合 20 个 MU）。

（2）采样值报文处理能力：3μs/包（含报文实时分析预警存储和暂态录波处理）。

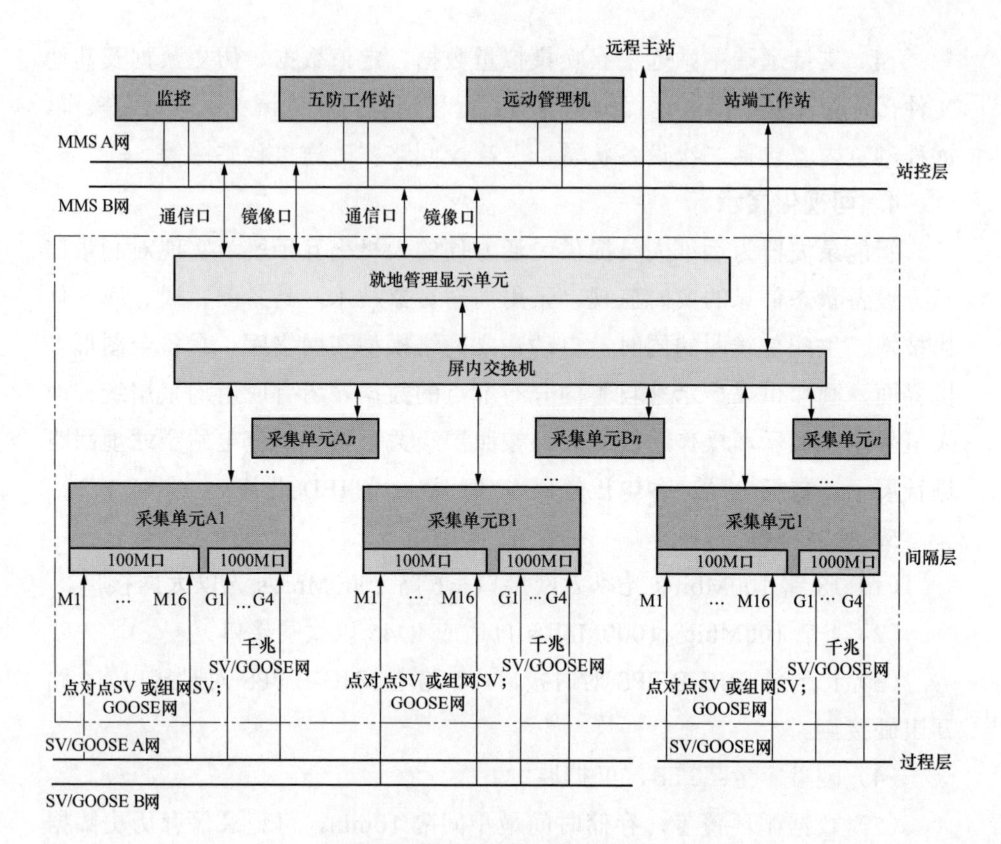


图 2-2　智能录波器网络架构

原则上单电压等级单网配置一套采集单元，如 220kV 变电站按 3 台采集单元配置，220kV A、B 网各 1 台，110kV 及主变压器低压侧 1 台，MMS 可直接接入就地管理显示单元，也可接入就地采集单元；110kV 变电站配置 1 台采集单元即可，MMS 可直接接入就地管理显示单元，也可接入就地采集单元。

## 三、软件架构

智能录波器主要由 4 个层次软件组成，如图 2-3 所示。

其中共性支撑技术研究主要有以下几个方面：

（1）网络化软硬件平台。基于高精度同步特性检测技术的要求，选择高性能的多核 Intel Core i7 微处理器、大规模可编程逻辑电路 FPGA 模块，完成基于多核 Intel Core i7 微处理器核心硬件平台的研发，在此基础上，研发基于嵌入式实时多任务操作系统底层驱动软件（BSP），实现硬件软件支撑平台。

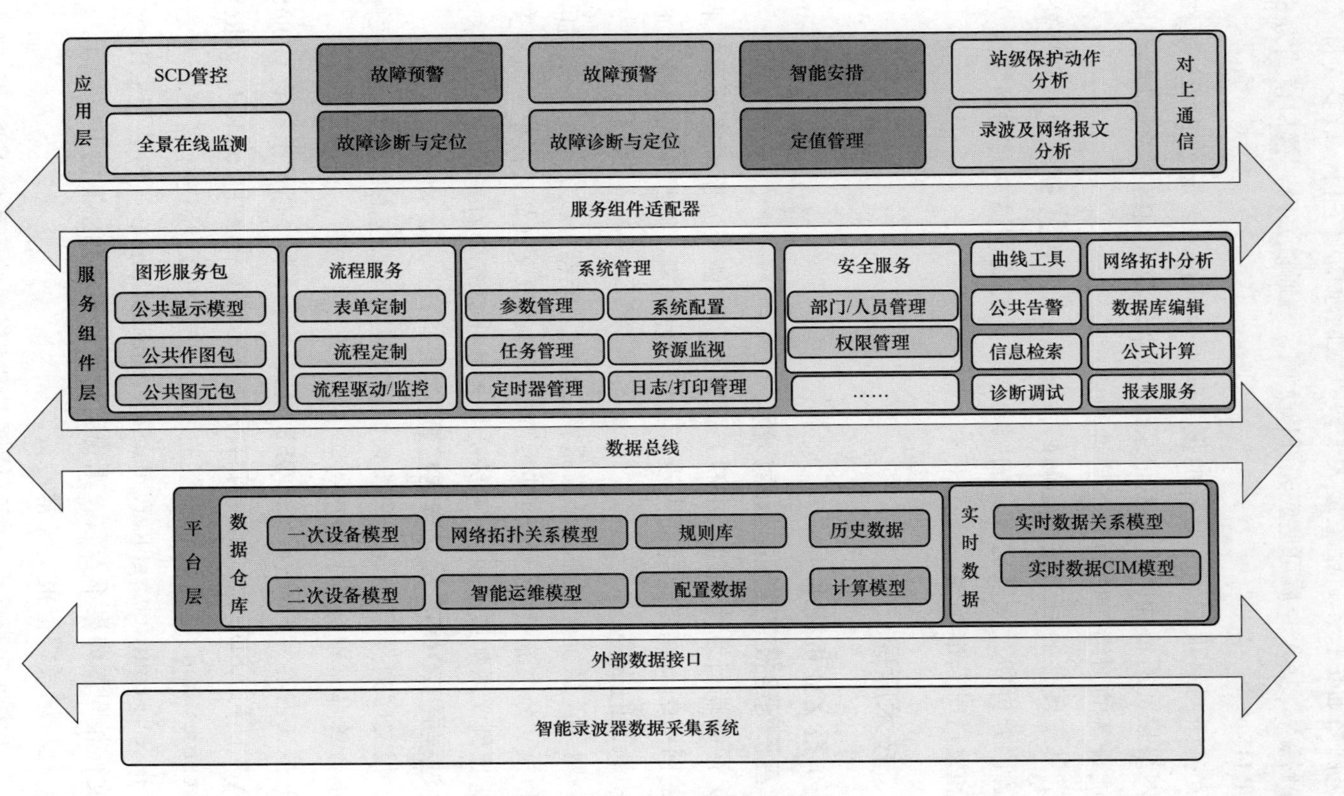


图 2-3 智能录波器软件框架

（2）网络通信技术。配置最大 3 块以太网通信业务板，最多支持 3×8 路以太网接入，接入介质可适应光纤以太网、普通以太网，接口模式为 SFP 模块或 RJ45。

（3）基于网络报文硬件时标的报文同步分析技术。通过 FPGA 硬件逻辑实现网络报文的精确时间标签记录，可以精确测量网络报文的同步时延，实现智能设备的网络通信的时延特性测试。

（4）基于硬件的网络报文编解码技术。采用 FPGA 硬件逻辑实现接收报文的解码分析和对待发送报文的编码发送，提高测试平台的网络报文吞吐能力和发送时延准确性。

## 四、技术原理

### （一）报文分析技术

#### 1. 基于网络报文监视的故障诊断

（1）网络端口通信超时（中断）报警。当智能录波器采集单元的某个有流量的网络端口在指定时间内没有收到任何流量，则给出网络端口通信超时（中断）的告警。

（2）网络流量统计和流量异常报警。智能录波器可以实现对网络端口流量统计和报文分类流量统计，当某类恒定流量的报文（如采样值）流量变化超过一定比例（增加或减少），系统会报告该分类流量的突增或突减告警。

#### 2. 过程层 GOOSE 报文异常检查

（1）报文序列异常检查。智能录波器能够对 GOOSE 报文超时、丢帧、错序、重复等异常现象实时给出告警。

（2）报文内容异常检查。GOOSE 报文内容异常检查是指检查 GOOSE 报文的 APDU 和 ASDU 格式是否符合标准。GOOSE 报文中 confRef、goRef、datSet、entriesNum 等参数在装置的 CID 文件中已经进行描述，发送的 GOOSE 报文的 confRef、goRef、datSet、entriesNum 必须与装置 CID 文件的配置文件相同，如果不一致，则说明发送的 GOOSE 报文内容错误。

（3）过程层采样值报文异常检查。

1）报文序列异常检查：装置能够对 SV 报文额定延时偏离、超时、丢帧、错序、重复、发送间隔抖动等异常现象实时给出告警。

2）报文内容异常检查：与 GOOSE 内容异常检查同理，但检查的内容不完全一致。SV 报文检查的内容包括 APDU 和 ASDU 格式是否符合标准，以及 confRef、svID、datSet、entriesNum 等参数是否与配置文件一致等。

3）报文品质检查：对 SV 测试状态改变等报文品质变化，本装置能实时给出告警。

（4）站控层 MMS 报文异常检查。装置能够对站控层网络的 MMS 报文丢帧、重复、调用 ID 不匹配等异常现象实时给出告警。

### （二）二次系统可视化技术

智慧变电站二次回路由 SCD 文件描述的“虚回路”和由物理光纤连接构成的“实回路”共同组成。逻辑回路在物理回路上传输，物理回路是实现逻辑回路的媒介，逻辑回路和物理回路是智能变电站二次系统的核心部分。智能变电站二次系统可视化的实现，是通过解析 SCD 文件匹配在线获取的 SV、GOOSE、MMS 报文，建立光缆物理连接与逻辑链路连接的映射关系及逻辑链路与二次功能回路的映射关系，通过图模映射自动生成间隔物理连接图、光缆通信链路图、保护二次原理及压板图，实现无“盲点”在线监测及自诊断告警，从而实现智能变电站二次系统的可视化状态监视。

#### 1. 物理链路图

（1）通过解析 SCD 文件的虚端子连接，获取每个 IED 相关的输入和输出的关系，即该 IED 发送的对侧设备和接收的对侧设备，形成 IED 逻辑关系拓扑。

（2）通过解析 SPCD 文件的交换机，获取所有交换机的物理连接关系，即该交换机各个端口的物理连接路径，如端口最终连接至装置则记录整个的物理连接路径直到装置终端，如端口最终连接至交换机则记录整个物理路径直到下一个交换机端口，形成交换机端口拓扑。

#### 2. 虚端子图

智能录波器对于虚回路监测，虚端子之间的回路关联关系，通过对过程层信息的采集，可视化展示其虚端子之间的交互数据、压板的状态信息、过程层侧发送端口的链路状态、过程层交换机的链路状态，这样可以将整个回路的信息直观地进行场景展示。

#### 3. 虚实映射

智能录波器虚实自动关联映射原理：

（1）解析 SCD 文件，建立物理端口信息表，通过唯一编号的端口 Cable 建立装置之间的物理连接关系。

（2）解析 SCD 文件，遍历 Input/Extref 信息，提取外部输入信号 IED、访问点，接收装置名称、端口号等信息建立虚拟链路信息表。

（3）依次以每一条虚拟链路的接收端口为检索起始点，在物理端口信息表中查询本端口对应的 Cable 编号，然后根据该 Cable 号单相查找对侧互联设备的端口号。

（4）设计循环算法轮询查询级联交换机，直至所关联设备不为交换机。

（5）设计查询算法，以查询到的设备名称及访问点去匹配虚拟链路中外部输入设备名称及访问点，若匹配则完成了该虚拟链路的虚实关联，得到该链路所经过的所有物理节点集合。

### （三）CRC 校验技术

#### 1. SCD 过程层虚端子 CRC 校验码生成规则

系统配置工具在保存文件时提示用户保存详细配置历史记录并自动保存，同时自动生成全站虚端子配置 CRC 版本和 IED 虚端子配置 CRC 版本并自动保存。

系统配置工具应根据 CRC 生产规则计算生成 IED 虚端子配置 CRC 版本并生成（或替换）相应 IED 中的 Private（type＝"IED virtual terminal conection CRC"）元素，例如：

```
    <IED type="XX" manufacturer="XX" name="XX" configVersion=
"1.0">
    <Private type="IED virtual terminal conection CRC">EF012345
</Private>
    <Services/>
    <AccessPoint/>
    ……
```

系统配置工具应根据计算生成规则生成全站虚端子配置 CRC 版本并生成（或替换）SCL 中的 Private（type＝"Substation virtual terminal conection CRC"）元素，例如：

```
    <SCL>
    <Private type＝"Substation virtual terminal conection CRC">
ABCDEF01</Private>
    <Header/>
    …
    </SCL>
```

IED 配置工具在下装过程层虚端子配置时自动提取全站过程层虚端子配置 CRC 版本和 IED 过程层虚端子配置 CRC 版本，下装到装置并可通过人机界面查看。

**2. 提取虚端子联系及 CRC 校验码计算原则**

提取每个 IED 过程层虚端子配置相关内容形成 XML 文件（若无过程层虚端子配置则不提取，描述性属性 desc、dU 元素不提取）。所有提取元素的子元素应与 SCD 文件中的顺序一致；IED 虚端子提取内容不应包含站控层访问点；所有提取元素的属性按字母顺序从 a～z 顺序排列；没有子元素和赋值的元素应采用“/>”结尾；dataset 中 prefix＝""应去除。

根据形成的 IED 过程层虚端子配置 XML 文件，剔除元素间及属性间的空格、换行符、回车符、列表符后转换成 ASCⅡ码序列计算四字节 CRC-32 校验码。CRC 参数如下：

CRC 比特数 Width：32；

生成项 Poly：04C11DB7；

初始化值 Init：FFFFFFFF；

待测数据是否颠倒 RefIn：True；

计算值是否颠倒 RefOut：True；

输出数据异或项 XorOut：FFFFFFFF；

字串“123456789”的校验结果 Check：CBF43926。

为每个 IED 提取的过程层虚端子配置文件计算 CRC 校验码，即 IED 过程层虚端子配置 CRC 码，用于单个装置过程层虚端子配置管理。按 IED 命名排序合成所有 IED CRC 校验码。生成全站过程层虚端子 CRC 码，用于全站虚端子配置管理。IED 过程层虚端子配置 CRC 码，和全站过程层虚端子 CRC 码应由系统配置工具在保存文件时自动计算并存入 SCD 文件。

**3. IED 虚端子配置提取内容**

（1）GOOSE 发送参数。

GOCB1 路径名（GOCBRef）：

GSEControl 元素参数（含 Private 元素，）；

Communication 中与 GOCB1 相关的 GSE 元素参数（含 Private 元素）；

GOCB1 引用的 DataSet 元素参数（含 Private 元素）：

Data1Ref：相关 DAI 元素、bType；

Data2Ref：相关 DAI 元素、bType；

……

DatanRef：相关 DAI 元素、bType。

GOCB2 路径名（GOCBRef）：同上。

……

GOCBn 路径名（GOCBRef）：同上。

（2）GOOSE 接收参数（外部 GOCB 按 inputs 中引用外部数据属性先后顺序排列）。

外部 GOCB1 路径名（GOCBRef）：

GSEControl 元素参数（不含 Private 元素）；

Communication 中与 GOCB1 相关的 GSE 元素参数（不含 Private 元素）；

外部 GOCB1 引用的 DataSet 元素参数（不含 Private 元素）：

bType、intAddr 及相关 DAI 元素或 NULL；

bType、intAddr 及相关 DAI 元素或 NULL；

……

bType、intAddr 及相关 DAI 元素或 NULL。

外部 GOCB2 路径名（GOCBRef）：同上。

……

外部 GOCBn 路径名（GOCBRef）：同上。

（3）SV 发送参数。

MSVCB1 路径名（MSVCBRef）：

SampledValueControl 元素参数（含 Private 元素）；

Communication 中与 MSVCB1 相关 SMV 元素参数（含 Private 元素）；

MSVCB1 引用的 DataSet 元素参数（含 Private 元素）：

Data1Ref：相关 DOI 元素；

Data2Ref：相关 DOI 元素；

……

DatanRef：相关 DOI 元素。

MSVCB2 路径名（MSVCBRef）：同上。

……

MSVCBn 路径名（MSVCBRef）：同上。

（4）SV 接收参数（外部 MSVCB 按 inputs 中引用外部数据对象先后顺序排列）。

外部 MSVCB1 路径名（MSVCBRef）：

SampledValueControl 元素参数（不含 Private 元素）；

Communication 中与 MSVCB1 相关 SMV 元素参数（不含 Private 元素）；

该 MSVCB 引用的 DataSet 元素参数（不含 Private 元素）：

intAddr 及相关 DOI 元素或 NULL；

intAddr 及相关 DOI 元素或 NULL；

……

intAddr 及相关 DOI 元素或 NULL。

外部 MSVCB2 路径名（MSVCBRef）：同上。

……

外部 MSVCB*n* 路径名（MSVCBRef）：同上。

**4．装置过程层虚端子 CRC 校验码动态计算生成规则**

用于计算 CRC 校验码的序列中不应有中文字符，剔除 CCD 文件中 desc 属性、IED 元素除 name 外的属性、GOOSE 和 SV 订阅中 FCDA 元素除 bType 外的属性、元素间及属性间的空格、换行符、回车符、列表符，保留元素值及属性值中的空格后转换成 ASCⅡ码序列，计算四字节 CRC-32 校验码，计算的四字节 CRC-32 校验码不满四字节的，高字节补 0x0。CRC 参数如下：

CRC 比特数 Width：32；

生成项 Poly：04C11DB7；

初始化值 Init：FFFFFFFF；

待测数据是否颠倒 RefIn：True；

计算值是否颠倒 RefOut：True；

输出数据异或项 XorOut：FFFFFFFF；

字串“123456789abcdef”的校验结果 Check：A2B4FD62。

为每个 IED 的 CCD 文件计算 CRC 校验码，用于单装置 CCD 文件管理；按 IED 命名升序合成所有 IED 的 CCD 文件 CRC 校验码，再应用此计算规则生成全站 CCD 文件 CRC 校验码，用于全站 CCD 文件管理。

## （四）SCD 文件管控技术

SCD 文件即变电站配置描述文件，它包含了整个变电站所有设备模型及工程配置信息，是变电站设备运行、日常运维、工程管理依赖的重要数据。总结和分析智能变电站工程模型实施和应用情况，当前，SCD 文件可以很好地满足智能变电站二次设备及系统集成应用的需求。

在变电站调试后期、运维检修、改扩建涉及 SCD 文件的修改和升级时，由于 SCD 文件存在不同应用类型信息耦合和设备间二次虚回路复杂关系配置等原因，很难界定 SCD 文件修改后的影响范围，客观上造成了“牵一发而动全身”的现象。在调试阶段，SCD 文件哪怕只是修改局部信息往往造成重新全部调试，调试工作反复进行。改扩建阶段，由于新增或改建间隔，SCD 文件必然要更改，由于改动风险不好确定，往往通过扩大停电范围或全站停电来调试和确认功能的正确性，才能投运。同时变电站日常运维管理中，由于 SCD 模型过于专业且不同业务配置信息混合在一起，变电站运维管理或专业管理人员无法快速理解并找到所关注业务的信息，模型维护和管控只能依赖设备厂家或系统集成商进行，不利于变电站检修管理、专业管理和监督等工作。

从变电站改扩建对配置文件的管控需求出发，智能录波器 SCD 解耦采用面向间隔对 SCD 进行逻辑解耦，解析 SCD 文件，根据间隔划分规则提取出以间隔为单位的配置数据，根据一、二次拓扑关系智能识别和管理跨间隔配置信息的关联关系，改扩建时通过锁定或开放不同间隔配置数据以减少传统无防范地直接修改 SCD 对已投运间隔模型造成误改或错改风险，满足变电站改扩建时 SCD 文件变更的安全管控需求。SCD 模型解耦总体方案如图 2-4 所示。

典型智能变电站 SCD 文件按间隔解耦形成的配置文件包括各个电压等级所有间隔的信息、公共间隔以及系统配置描述 SSD 文件等，构成了全新的配置文件体系结构。变电站间隔采用以下划分规则：主变压器间隔（含高、中、低三侧及本体）、母线间隔、母联间隔、若干个线路间隔、公共间隔等。SCD 文件按照间隔划分方式，将 SCD 中同一间隔的 IED 进行重组，形成若干个 SCD 文件的子集。按间隔解耦的拓扑体系结构如图 2-5 所示。

每个间隔配置的信息由本间隔内的智能终端、合并单元、保护装置、测控装置、在线状态监测装置、计量装置等 IED 模型及这些 IED 之间的关联配置信息组成。因此，间隔可视作若干个本间隔内 IED 的 CID 文件集合，是 SCD 的一个子集，如图 2-6 所示。

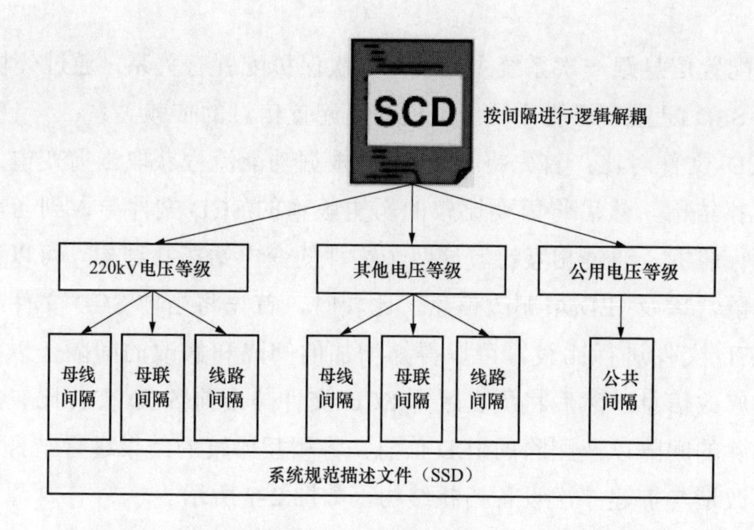


图 2-4 智能录波器 SCD 模型解耦的总体方案示意图

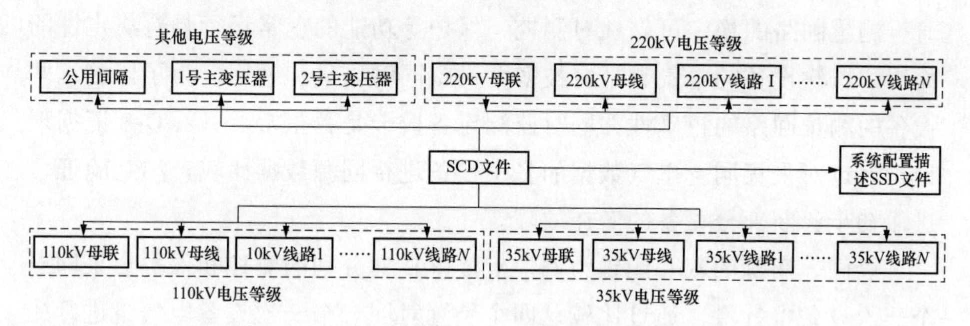


图 2-5 SCD 文件按间隔解耦形成的拓扑体系结构

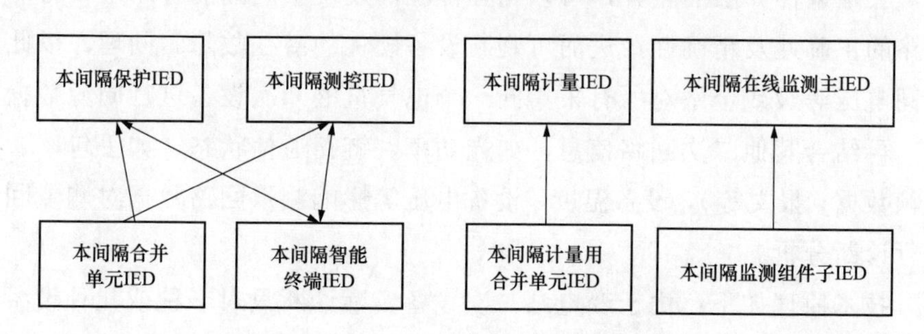


图 2-6 典型间隔的 IED 组成示意图

SCD 模型中不同间隔之间存在少数关联配置信息，主要包括测控“五防”联闭锁、保护启动失灵等，这些关联配置信息在 SCD 模型中通过设备之间的 GOOSE 虚端子表达。当增加或修改某一间隔设备配置的模型信息时，与此间隔关联的其他间隔的配置信息可能要同步做出相应修改。由于跨间隔配置信息跟一次系统主接线、二次保护配置有关系，通过分析 SCD 文件中 SSD 配置来智能分析出不同间隔配置信息的依赖关系。

SCD 文件对比：首先将 SCD 文件根据功能流程获取当前变电站二次设备拓扑结构，然后将需要比较的历史版本的 SCD 文件导入到当前工具中，进行解析。通过相互比较这两个文件的变电站拓扑结构，可以获得增删改间隔，以及 IED 增删改信息。比较时，首先将当前 SCD 文件与历史版本 SCD 文件进行比较，可以得知增加的间隔和修改的间隔，以及 IED 增加和修改信息，然后将历史版本 SCD 文件与当前 SCD 文件比较，可以获得删除的间隔以及删除的 IED 信息。将相互比较的结果进行结合，得到变电站改造与扩建二次设备拓扑结构，如图 2-7 所示。

**（五）同源数据比对**

测量回路的稳定可靠性对测控、保护等功能的正常运行具有决定性的作用，一次设备的电气数据会被多个设备同时采集和使用，为了监测这些设备的测量回路的正确性并同时监测设备板卡是否正常，引入 D-S 证据理论，通过对采集同一电气数据的多个设备进行同源数据比较，相互验证，进而初步诊断部分设备的潜在故障。

以同一间隔的双套配置为例，A 套和 B 套分别的测控和保护会采同一个一次设备电气量，通过比较这四个装置对同一个一次设备电气量进行比较，去除采样算法的差异，可以相互检验，发现本间隔的各二次设备测量回路的正确性及精确性，进而可判断设备硬件的潜在故障。同理，以此可对同电压等级或全站对所有采集同一个电气量的二次设备进行同源数据比较；再结合其他二次回路信息，如光功率、链路通信状态（如丢包率、错误帧数据、报文等）、设备温度、设备电压等影响测量回路数据对测量回路进行诊断分析。

技术原理如下：由于变电站二次设备实际诊断只对一种或几种设备状态信息进行观察分析。信号来源相对单一，很难做出准确评价。通过对多个数据优化组合可以更有效地获取信息。信息融合常用算法为随机算法（加权平均、卡尔曼、贝叶斯等）、人工智能法（BP、模糊逻辑、粗糙集、专家）。

对于采集模块可信性，当证据充分一致或部分一致时，$K$ 小于 $\infty$，可以用 D-S 证据理论，如图 2-8 所示。

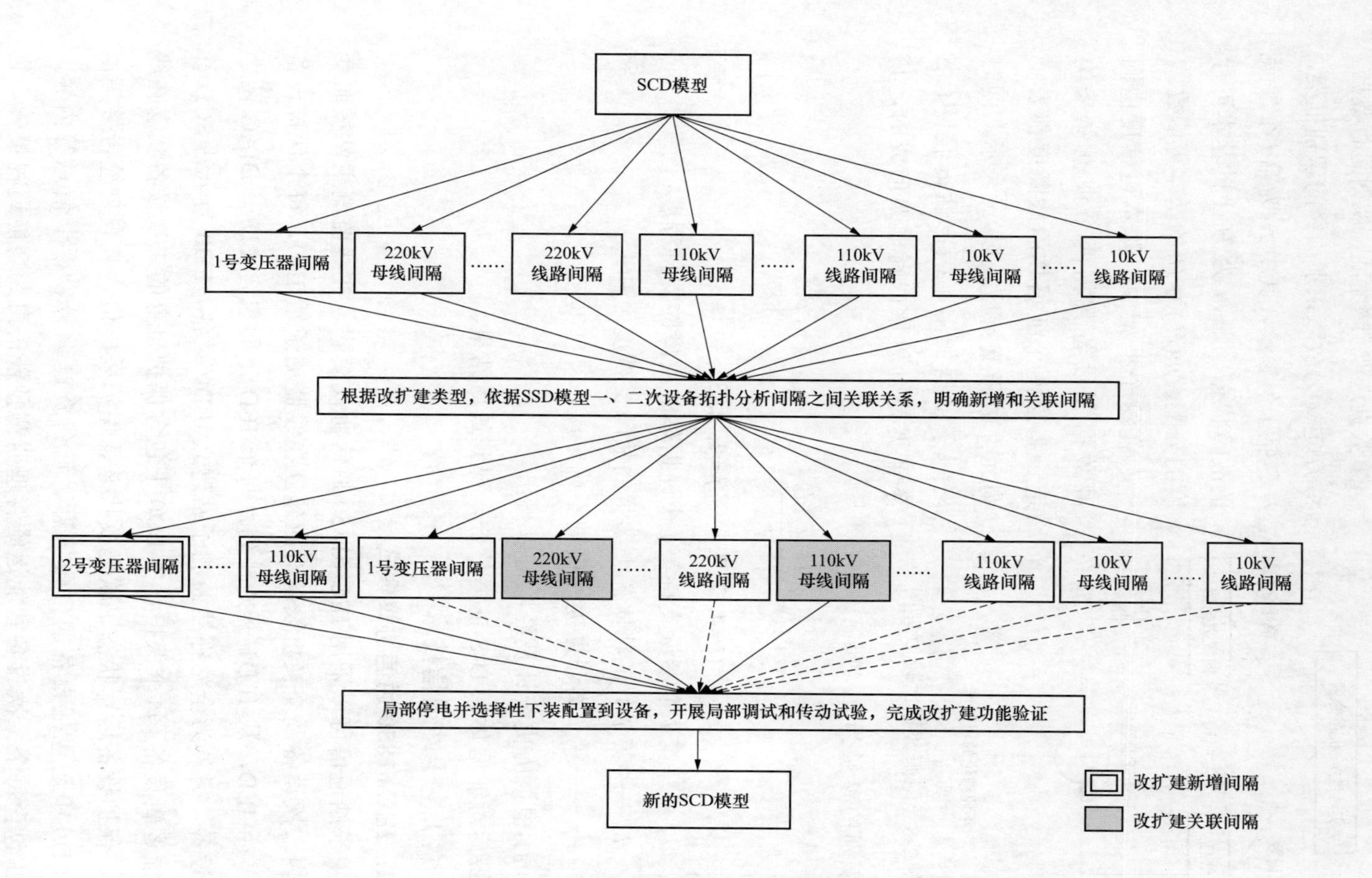


图 2-7　面向间隔的 SCD 解耦流程

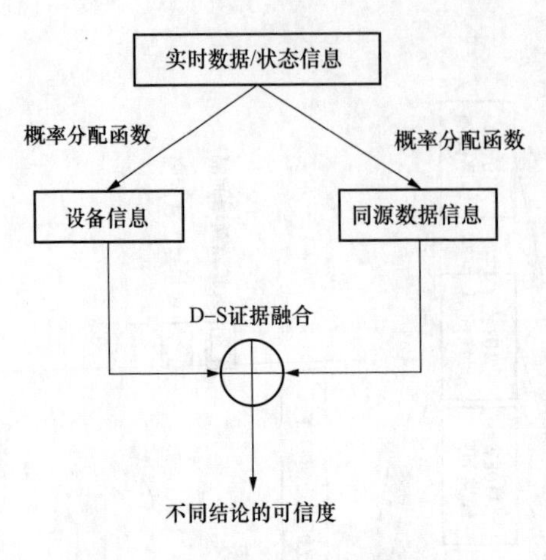

图 2-8　同源数据比较原理图

数据选取自检信息、实时运行数据。将 $H$ 定义为故障识别预警的识别框架、$H$ 包括 $t$ 个参量，其中 $H_t$ 为第 $i$ 个参量的故障状态，则 $m$ 为 $H$ 上的基本可行度的分配，$m(H_i)$为 $H_i$ 的基本可信数。

在这个框架中，基本可信度由同源数据和设备数据两个证据体来构造、将这两个证据体的故障度都表示为元件故障支持度，以 $p$ 表示，同时对每条证据加上不确定性，假设有 $S$ 条证据是有故障识别框架形成的，其中带识别的参量为 $n$，则：

$$m_j(i)=\frac{(1-V_j)d_{ij}}{d_j} \tag{2-1}$$

$$(i=1,\ 2,\ 3,\ \cdots;\ j=1,\ 2,\ 3,\ \cdots)$$

式中　$d_{ij}$ ——第 $i$ 个参量支持第 $j$ 个证据体的故障的支持程度；

$d_j$ ——第 $j$ 类正具体各个参量的故障支持度之和；

$V_j$ ——第 $j$ 类证据提的模糊不确定度。

$m_j(i)$根据历史统计及经验可以得出。

最后对证据体做 D-S 证据整合，得到最后结果。

## （六）主子站通信技术

### 1. IEC 61850 通信协议模式

主子站通信可以采用 IEC 61850 通信协议模式。在线监测主站按照变电站内二次设备及交换机设备对应建立在线监测子站 IED，每个保护设备对应一个 IED，从 IED1 开始排列，每个 IED 下面包含 LD0、DIAG 两个逻辑设备。另外为全站在线监测子站建立 IED0 设备，LD0 为全站 SCD 管控功能逻辑设备。每个保护设备 LD0 下包含保护自身的二次设备状态在线信息、保护设备运行状态、软压板状态、保护采样值、装置自检告警等信息，LD0 中还包括设备的台账信息、设备资产编号、板卡信息等内容。DIAG 包含每个二次设备智能运维管理监测预警信息、智能巡视报告、智能诊断报告、安措总分分析报告等信息。每个逻辑设备下面可以按逻辑节点划分，并对数据点按业务进行数据集划分。在线监测主子站信息模型交互示意图如图 2-9 所示。

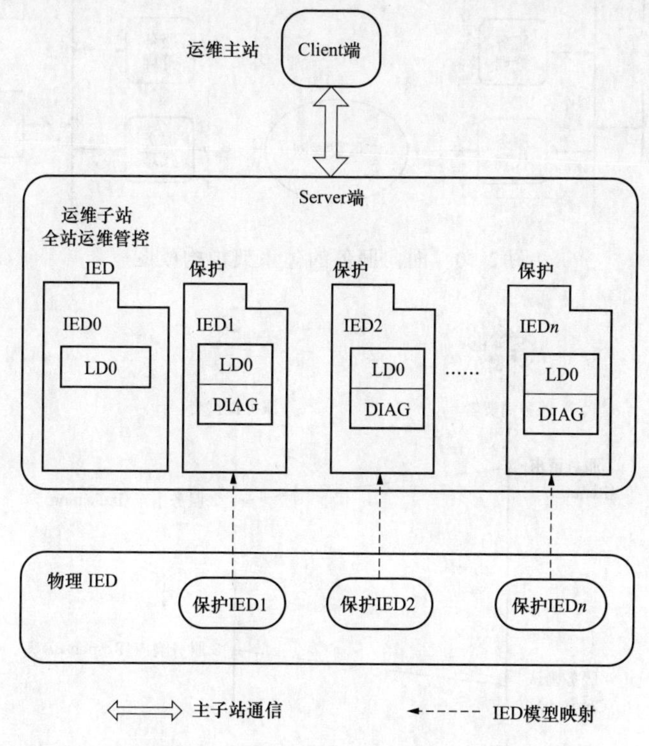


图 2-9 主子站信息模型交互示意图

**2. 电力系统通用服务协议模式**

主子站之间也可采用的是电力系统通用服务协议，该协议采用面向服务的体系架构（SOA），通过一系列的接口服务实现服务消费者和服务提供者间的信息交换。本系统使用的面向服务架构应由域管理、服务管理、服务代理、服务提供者及服务消费者构成，其构成如图 2-10 所示。

通用服务协议使用请求-响应的服务流程，在此流程中使用“-request”“-indication”“-response”“-confirm”4 条服务原语，其流程图如图 2-11 所示。

为实现面向服务体系架构的服务数据交互，基于 OSI 参考模型，构建了电力系统通用服务协议（GSP），基于连接方式的数据交互采用 TCP/IP，基于无连接方式的数据交互采用 UDP、IP 或以太网。

继承了 DL/T 860 的通信服务和数据结构，以及其自描述和动态维护等特性，采用面向对象的 M 编码（DL/T 1232）方式取代原面向数据的 ASN.1

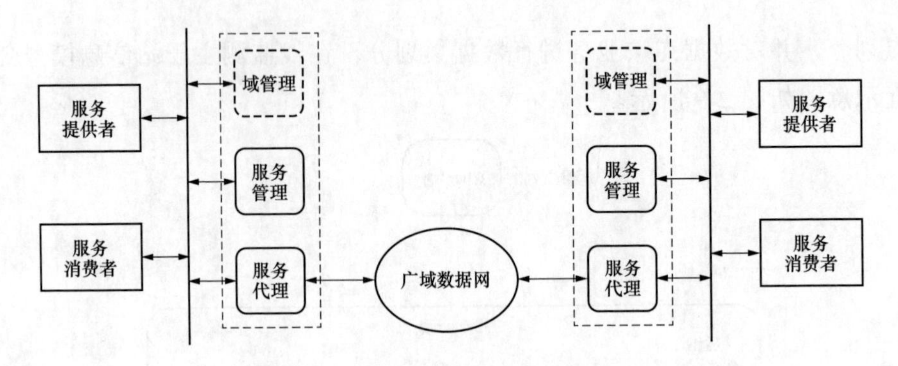


图 2-10　面向服务的体系架构构成图

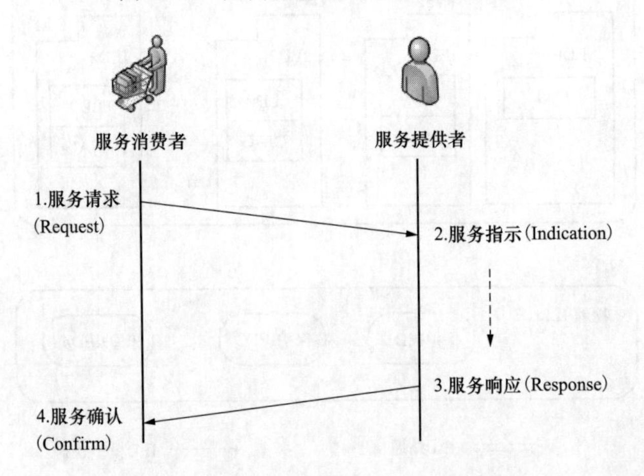


图 2-11　服务请求-响应流程图

编码方式，吸收 DL/T 476 和 DL/T 634 等高效实时数据通信的技术特点，支持面向对象的高效实时数据通信服务。通过服务原语和报文数据结构的自描述机制，支持预定义或自定义的创建、维护、扩充服务原语及报文数据结构（类），将简单高效的实时数据通信服务与灵活方便的离线维护服务分离，功能互补，不相互影响。

通用服务的数据通信过程如图 2-12 所示，包含代理注册、服务注册、服务查询、服务定位等过程。

### （七）过程层诊断技术

用全网设备通信链路状态为其所对应的物理通道节点的故障可能性“举证”，实现这一算法的数据模型称为故障举证表。故障举证表是由虚回路故障节点集合表形成的：首先将“虚回路”作为故障举证表的索引列，用于标识虚回路的故障节点集合；将此虚回路的“通信状态”作为数据列，

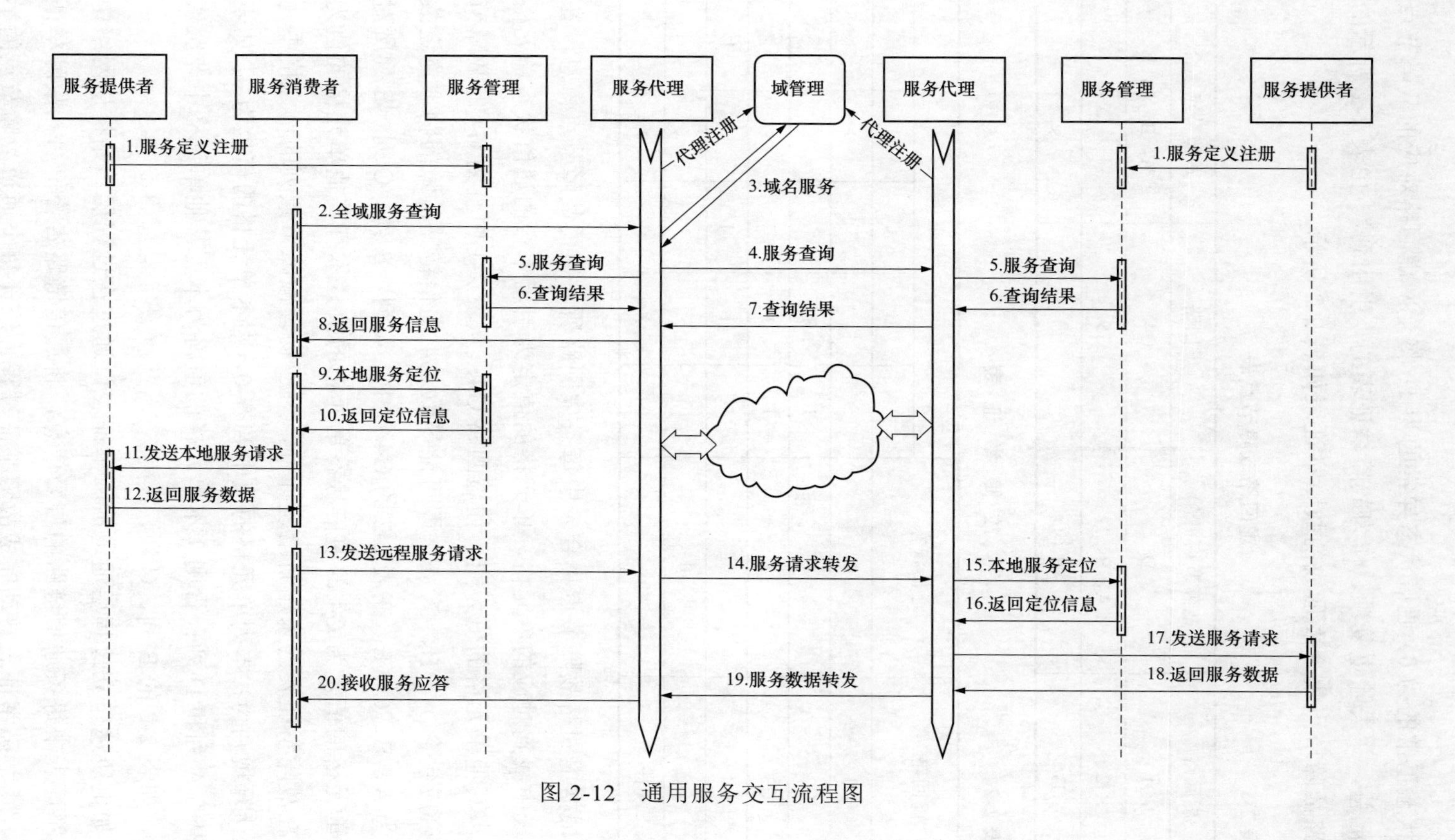


图 2-12　通用服务交互流程图

通信状态正常的为 0，通信状态异常的为 1；将全网虚回路对应的故障节点集合汇总，并去除重复项，作为故障举证表的“引用列”。由表 2-1 所示的虚回路故障节点集合表形成的故障举证表如表 2-2 所示。

**表 2-1　　　虚回路故障节点表**

| 虚回路 | 故障节点集合 | 虚回路 | 故障节点集合 |
|---|---|---|---|
| G1 | D | G4 | A，B，C，E |
| G2 | A，B，D | G5 | A |
| G3 | A，B，D | | |

**表 2-2　　　故 障 举 证 表**

| 虚回路 | 通信状态 | 举证值 | | | | |
|---|---|---|---|---|---|---|
| | | A | B | C | D | E |
| G1 | 0 | | | | 0 | |
| G2 | 1 | 1 | 1 | | 1 | |
| G3 | 1 | 1 | 1 | | 1 | |
| G4 | 1 | 1 | 1 | 1 | | 1 |
| G5 | 0 | 0 | | | | |
| 统计 | | 0 | 3 | 1 | 0 | 1 |

根据虚回路故障节点集合表中每条虚回路所对应的故障节点信息，在举证表中找到对应的单元格，单元格的值定为引用本行的通信状态单元格的值，其他单元格的值为空。如虚回路 G4：从表 2-1 中查到 G4 的故障节点集合应包含 A、B、C、E，即可能导致 G4 通信链路故障的物理通道故障点为 A、B、C、E；在表 2-2 的 G4 行中，A 列、B 列、C 列、E 列所对应的单元格的值定为 G4 的通信状态单元格的值，本行其他单元格的值为空。在故障举证表的末尾新增统计行，对应物理故障节点列的单元格中建立的计算规则为：本列单元格的值中若有 0，则本单元格的值也为 0，如表 2-2 中的 A 列和 D 列；否则，本单元格的值将为本列其他单元格中非空值的和，如表 2-2 的 B 列、C 列、E 列。

如上所述建立过程层通道故障举证表，通过在过程层和站控层网络中采集举证表中每条通信链路的告警信息，将通信链路告警值写入故障举证表中，由故障举证表自动完成故障举证过程。统计每个通道故障节点的举证值，将举证值最大的物理故障节点作为故障定位结果。如表 2-2 所示，通过故障举证表自动计算，B 列的统计值最大，当发生 G2、G3、G4 虚回路通信链路同时告警时，最有可能故障的通道节点是 B，图 2-13 是过程层通道故障举证表定位方法的流程图。

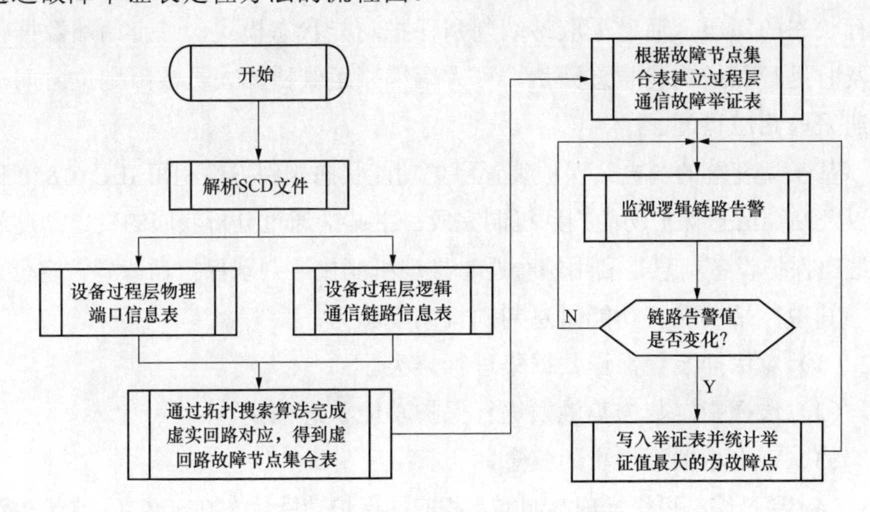


图 2-13　基于举证表故障诊断定位流程

### （八）保护动作分析

结合实际情况，将站级保护动作分析的实现分为两个阶段。第一阶段自动收集厂站内一次故障的相关信息，整合为故障报告，内容包括一、二次设备名称，故障时间，故障序号，故障区域，故障相别，录波文件名称等；第二阶段为故障过程分析、保护动作正确性分析，自动形成全站故障分析报告并提供编辑模式，减免继保人员撰写故障分析报告的工作量。

## 第二节　继电保护装置运行态势感知及远程运维技术

目前继电保护装置上送的告警信息只能粗略反映单体装置整体运行状态，不能直观反映单体保护各个功能状态，如遇装置异常，需运维检修人员现场获取运行保护装置中保护功能情况，影响检修策略快速、准确制定，直接给电力系统安全稳定运行带来极大隐患，因此继电保护装置运行态势感知及远程运维技术为日常运维检修辅助支撑作用凸显。

## 一、继电保护态势感知技术

### 1. 保护功能状态判断

为解决现行变电站继电保护设备无法通过告警信息直接判断保护功能运行状态的问题，通过采取站端判别保护功能状态模式，综合站端数据信息及时进行保护功能状态评估，可大幅缩减运维检修人员故障定位时间，快速采取相应措施。

基于调度端的变电站保护装置保护功能状态判别方法利用 IEC 61850 标准以及站端信息保护功能判别机制完成。主站端通过分析获取的变电站厂站端继电保护设备信息，利用综合逻辑推理机制快速判别保护功能异常定位。

其中厂站端保护功能信息判别机制步骤为：

（1）对保护装置上送数据集进行分类。

（2）选择指定数据集触发进行保护功能状态判别。

（3）查询相关数据集的信息。

（4）通过综合逻辑推理机制得到相应的保护功能状态判定结果。在这里综合逻辑推理机制指的是根据指定的保护装置，通过保护原理构建相应的逻辑推理过程，并通过逻辑计算实现判断过程。

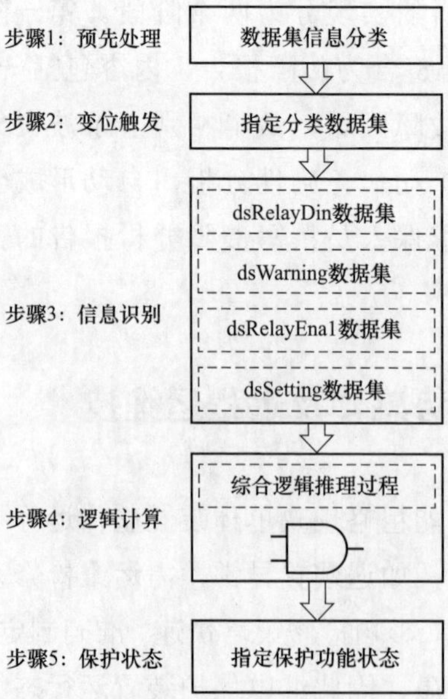

保护装置的主保护和后备保护功能状态包括主保护运行、主保护异常、主保护退出，后备保护运行、后备保护异常、后备保护退出；指定保护功能状态包括保护运行、保护退出。

以变压器保护为例，图 2-14 为站端信息保护功能判别机制。站端信息保护功能判别机制为：对保护装置上送数据集进行分类，选择指定数据集触发进行保护功能状态判别，查询相关数据集的信息，通过综合逻辑推理机制得到相应的保护功能状态判定结果。

图 2-15 为主变压器保护功能整体综合逻辑推理示意图。

步骤1：预先处理　数据集信息分类
步骤2：变位触发　指定分类数据集
步骤3：信息识别　dsRelayDin数据集　dsWarning数据集　dsRelayEna1数据集　dsSetting数据集
步骤4：逻辑计算　综合逻辑推理过程
步骤5：保护状态　指定保护功能状态

图 2-14　厂站端信息保护功能判别机制

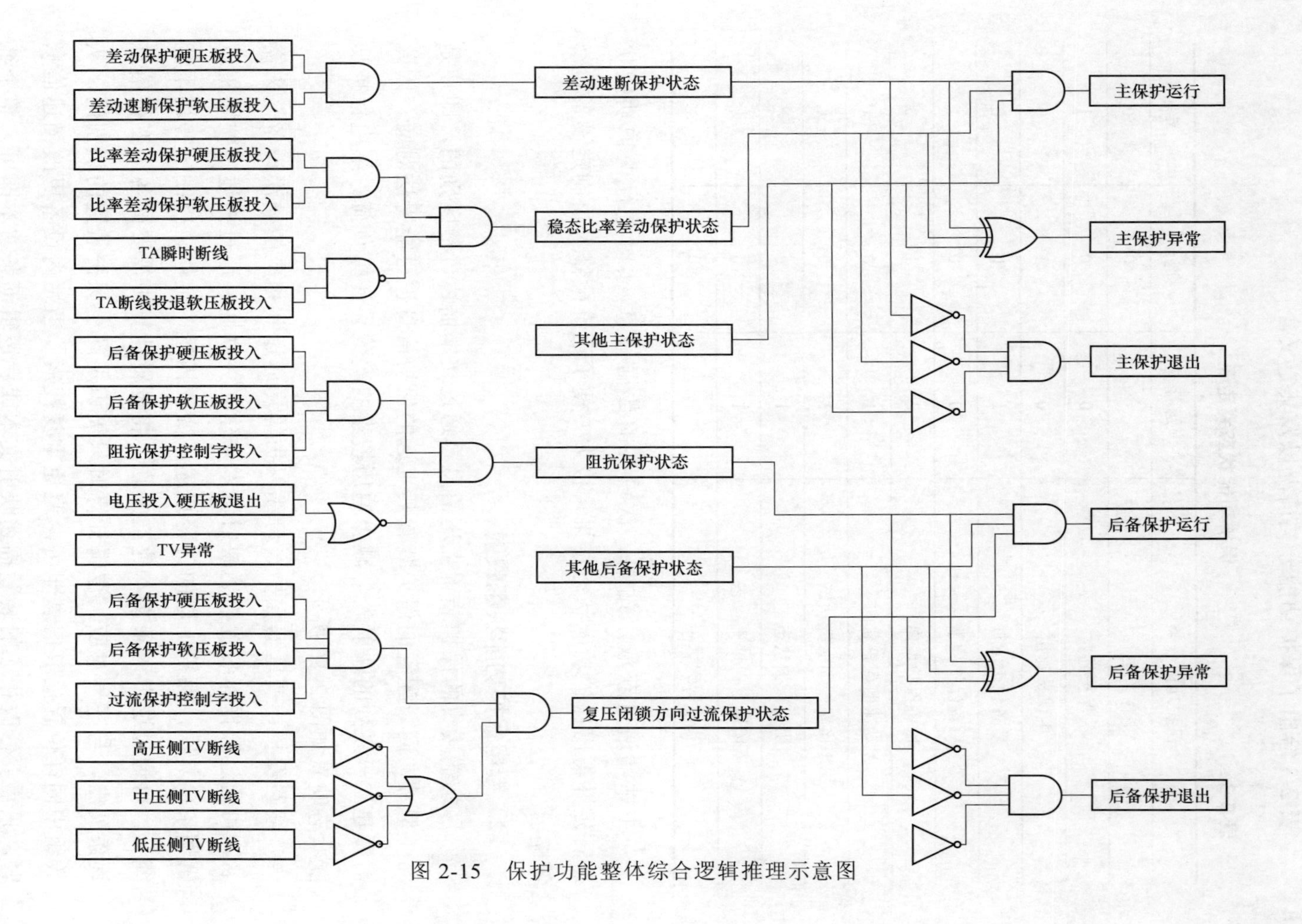


图 2-15　保护功能整体综合逻辑推理示意图

表 2-3 给出了保护功能分类情况以及其定义。

**表 2-3　　　　保护功能状态判定表**

| 保护功能分类 | 运行 | 退出 | 异常 |
| --- | --- | --- | --- |
| 主保护运行 | 1 | 0 | 0 |
| 主保护异常 | 0 | 0 | 1 |
| 主保护退出 | 0 | 1 | 0 |
| 后备保护运行 | 1 | 0 | 0 |
| 后备保护异常 | 0 | 0 | 1 |
| 后备保护退出 | 0 | 1 | 0 |
| 差动速断保护状态 | 1 | 0 | 无 |
| 稳态比率差动保护状态 | 1 | 0 | 无 |
| 阻抗保护状态 | 1 | 0 | 无 |
| 复压闭锁方向过流状态 | 1 | 0 | 无 |
| 其他保护状态 | 1 | 0 | 无 |

主站端通过获取厂站端二次设备的数据信息,实时进行保护功能状态评定并得出保护功能状态结果，极大方便了运维检修人员制定设备检修策略。

**2. 继电保护功能状态映射**

厂站端接收的保护装置上送信息是通过文本描述进行区别的，即使是同一型号、同一配置的保护装置其上送的保护信息也可能无法对应，因此需要建立一系列的映射表，减少遍历搜索的次数和计算负荷。继电保护功能状态映射如图 2-16 所示。

线路保护、变压器保护、母线保护等均通过其相应的一次设备名来命名，可通过数据库装置描述映射文本来建立关联性，通过描述定位装置逻辑词条。其次，保护上送的告警描述、变位描述、定值、控制字等均不能统一，可通过逻辑词条文本建立关联，将逻辑计算中需要的各个变位信息逐条列出，与序号对应，逻辑计算时只需识别同一保护装置的识别码，从数组中同样位置提取信息即可，避免重复搜索。当站内设备更改描述信息时，只需要修改相应的装置描述映射文本或者逻辑词条文本即可。整个继电保护功能状态映射关系如图 2-16 所示。

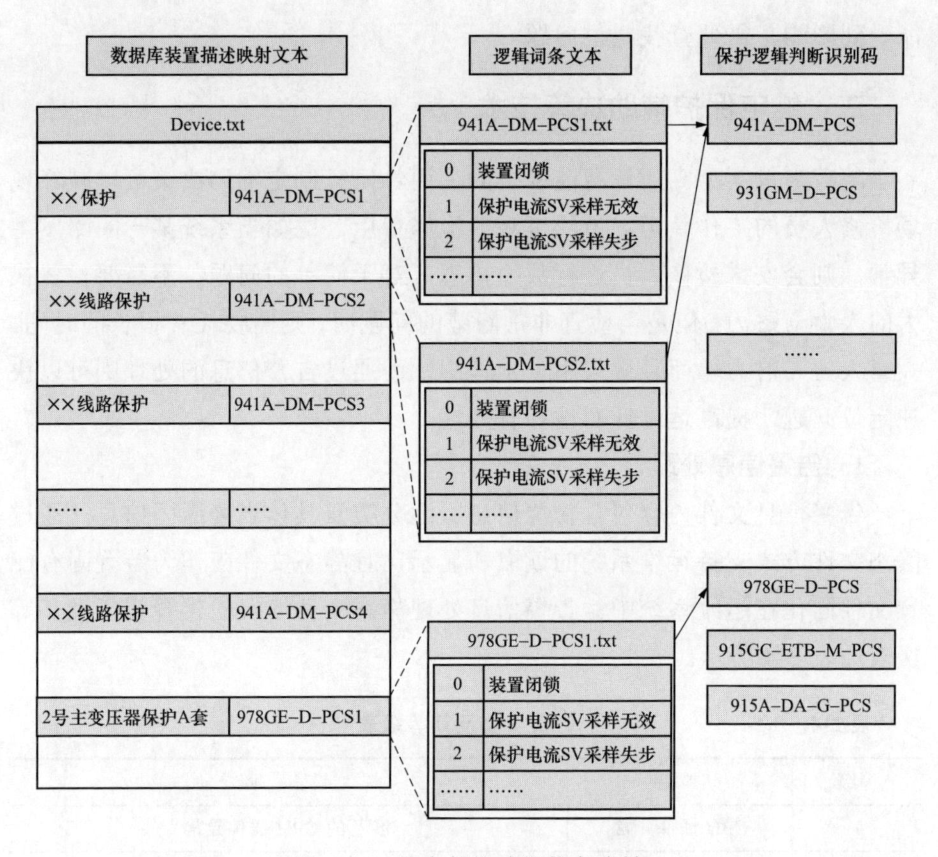


图 2-16 继电保护功能状态映射

综合逻辑推理涉及相应的保护原理，以差动保护为例，若差动保护控制字投入、主保护压板投入等全部控制量投入，则差动保护投入，否则差动保护退出；若保护装置有闭锁、TA 断线等影响差动保护部分甚至全部功能的，则差动保护异常，否则差动保护正常。

**3．继电保护信息存储结构**

信息分类涉及保护信息的存储方式，可构造树状结构将全部信息逐层逐级进行存储。此结构以调度下辖的各个变电站为主体，每个变电站包含的保护装置具体的保护信息关联对象。此树状存储结构查询友好，查询速度快。

**4．功能展示**

保护功能状态分为保护投入和保护有效，保护投入指用户整定了控制字、压板等保护功能相关的全部定值，保护异常指保护功能当前状态下可能受到影响，需要查找定位问题。

## 二、继电保护辅助决策技术

随着大量新型高质量智能保护的使用，研究制定辅助决策可以减轻现场检修人员的工作负担，节约可观的检修费用，比如当系统某一回路发生异常，则会安排检修人员进行故障排查，对于简单的问题，不需要耗费很大的人力与财力，但是当检查非常隐蔽的问题时，则需要耗费很长的时间、大量人力与财力，而且效果不一定理想，而通过告警信息的处理则可以快速定位问题，提高运维针对性和有效性。

### 1. 告警信息处理

告警信息文件内容包含告警信息原因分类及具体告警原因信息，通过静态文件方式支持运维系统的读取和显示，且静态文件应作为装置固有配置文件固化在运维系统中。告警信息处理静态文件涉及的告警类型及其等级表如表 2-4 所示。

表 2-4　　告警类型及其等级表

| 等级 | 类型 | 说　明 |
|---|---|---|
| 1 | CPU 插件异常 | 涉及的 CPU 插件异常 |
| 2 | 开出异常 | 涉及保护开出插件的异常 |
| 3 | 开入异常 | 涉及保护开入插件的异常 |
| 4 | 交流异常 | 涉及保护交流采样异常 |
| 5 | 纵联通道异常 | 涉及纵联保护站间通道的异常 |
| 6 | 通信异常 | 涉及保护站内站控层和过程层的通信异常 |
| 7 | 系统异常 | 涉及系统运行方面的异常 |
| 8 | 其他异常 | 以上分类之外的异常 |

以上 8 类均可再带插件号等参数。当装置不能判定具体的告警原因分类时需报送所有可能的原因，如“TA 断线”上送类别“4”和“7”。装置对每一条告警信息可通过静态文件出具处理建议，方便运维检修人员处理。

### 2. 信息文本格式

告警信息文本需要以特定的格式存储保护装置告警信息，具体如下：

（1）AlmStaticInfo 元素。

AlmStaticInfo 元素是告警文件的根节点，根节点下依次包含 Header（文件头）元素、FCDA 元素。AlmStaticInfo 元素文本格式及说明见表 2-5。

表 2-5　**AlmStaticInfo 元素及说明**

| 告警信息文件 | 说　明 |
| --- | --- |
| <?xml version = “1.0” encoding = “UTF-8”?> | XML 声明段 |
| <AlmStaticInfo><br><Header/><br><FCDA<br></FCDA><br></AlmStaticInfo> | a）AlmStaticInfo 元素包括 Header 子元素、Detail 子元素；<br>b）Header 元素格式定义；<br>c）FCDA 元素格式定义 |

（2）Header（文件头）元素。

Header 元素是对装置基本信息的固定描述。Header（文件头）元素文本格式及说明见表 2-6。

表 2-6　**Header 元素及说明**

| 告警信息文件 | 说　明 |
| --- | --- |
| <Header deviceName="PCS-943A-DA-N" iedName="TEMPLATE"/> | Header 元素参数：<br>a）deviceName 属性是装置型号；<br>b）iedName 属性是 IEDName |

（3）FCDA 元素。

FCDA 元素取自装置中的 FCDA 元素。FCDA 元素文本格式及说明见表 2-7。

表 2-7　**FCDA 元素及说明**

| 告警信息文件 | 说　明 |
| --- | --- |
| <FCDA desc="信息名称"><br><Level desc="信息分类"/><br><Detail desc="告警原因"><br><Item desc="具体处理建议"/><br>……（其他处理建议）<br></Detail><br>……（其他告警原因）<br></FCDA><br>……（其他信息名称） | FCDA 属性参数：<br>desc 属性是 FCDA 信号描述。<br>各元素定义：<br>a）Level 为告警分类，可多选，中间用“/”分开，如“4/7”；<br>b）Detail 为具体告警原因，可分多行进行描述，跟装置液晶面板显示信息一致，按出错可能性排序；<br>c）Item 为具体告警处理措施，可分条描述，参考说明书中告警原因及处理方法 |

（4）告警信息文件示例。

```
<?xml version="1.0" encoding="UTF-8" ?>
<AlmStaticInfo>
  <Header deviceName="PCS-943A-DA-N" iedName="TEMPLATE"/>
<FCDA desc="保护 CPU 插件异常">
   <Level desc="8/1"/>
   <Detail desc="定值错">
      <Item desc="重新固化保护定值及装置参数"/>
            <Item desc="更换保护 CPU 插件"/>
      ……
   </Detail>
   ……
</FCDA>
……
</AlmStaticInfo>
```

## 三、继电保护智能巡检及保护信息数据挖掘

### 1. 继电保护智能巡检

结合继电保护日常巡检的内容，并结合保护装置上送主站目前的状况，可以整理出智能巡检的 4 个分类，包括定值巡检、软压板巡检、开关量巡检和保护测量模拟量巡检。

（1）定值巡检包括对装置可召唤定值的巡检。

（2）软压板巡检包括对装置可召唤软压板的巡检。

（3）开关量巡检包括对装置可召唤开关量的巡检。

（4）保护测量模拟量巡检用来监视保护装置采集的模拟量，包括各类电压和电流。主要包括三类巡检：

1）三相不平衡监视，指的是针对各类支路的三相电压幅值或三相电流幅值，正常情况下其两两差值应该小于一定的门槛值（所有的门槛值都需要配置，下同），如果超过门槛值，则认为三相不平衡，发出告警信息；

2）幅值越限监视，指的是针对保护采集的不同类型的模拟量，正常情况下都在一定的幅值范围内，如果超过门槛值，则认为幅值越限，发出告警信息；

3）双套保护不一致监视，指的是保护同一个一次设备的 AB 两套保护，两套保护的采集量应该基本一致，如果这两套保护对同一个模拟量的采集的差值超过门槛值，则认为双套保护不一致，发出告警信息。

继电保护智能巡检可以手动触发定值巡检、软压板巡检、开关量巡检。各类模拟量三相不平衡、幅值越限、双套保护不一致等功能是自动周期运行，无需触发，巡检画面如图 2-17 和图 2-18 所示。

图 2-17　继电保护智能巡检功能展示 1

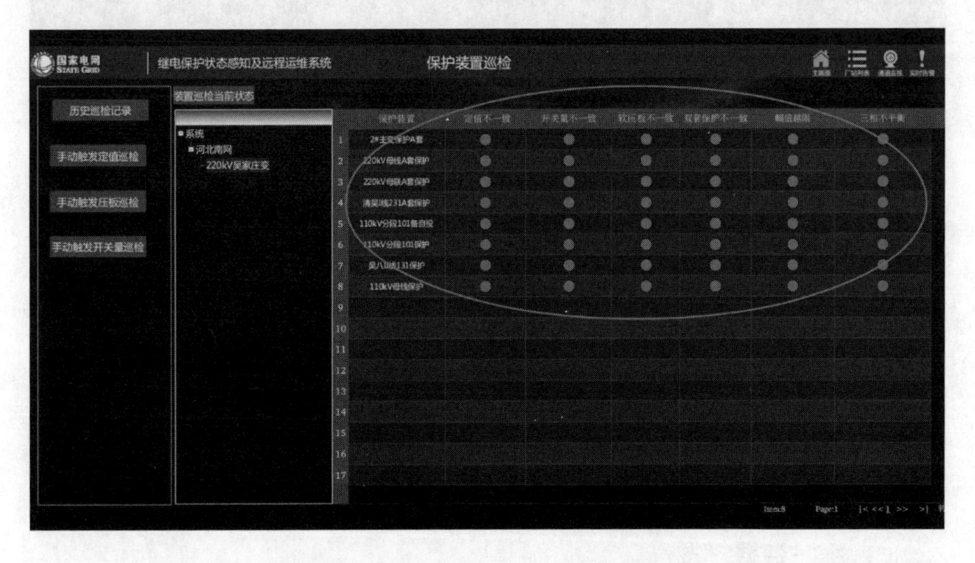


图 2-18　继电保护智能巡检功能展示 2

对于定值不一致和软压板不一致，在保护装置全景画面上点击定值不一致信号灯或者软压板不一致信号灯，可以直接弹出当前数值和基准值的比较画面以便查看，如图 2-19 和图 2-20 所示。

历史巡检记录可以按照厂站、电压等级以及起始终止时间检索巡检结果，如图 2-21 所示。

图 2-19　继电保护智能巡检功能展示 3

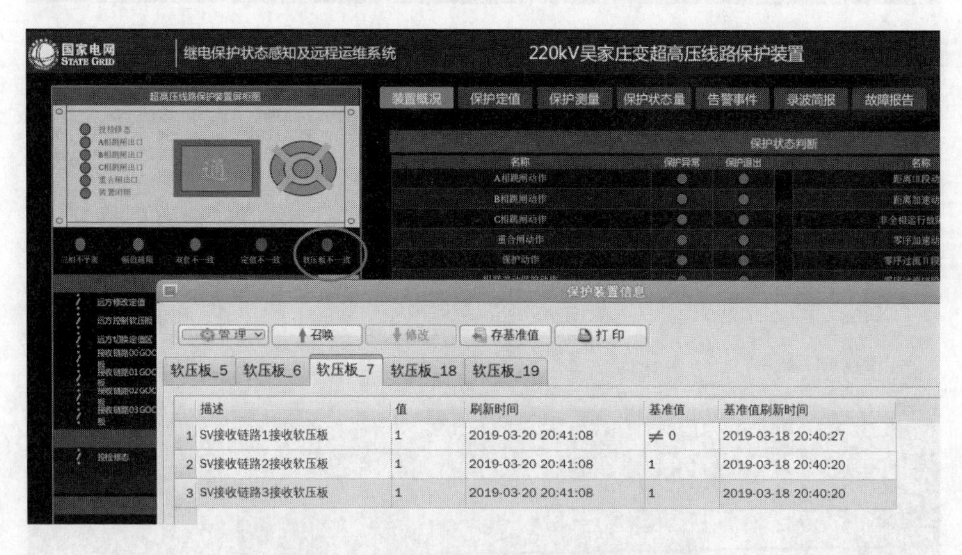


图 2-20　继电保护智能巡检功能展示 4

**2. 综合数据挖掘**

继电保护状态信息综合数据挖掘及信息查询技术是在实现保护全景信息在线监测的基础上，通过研究继电保护装置的状态信息的综合处理，利用自动化技术完成相关统计和分析工作，实现自动输出，支持保护装置异常统计，以及采集巡视记录中的数据查询，包括保护设备温度、保护设备差流和通道信息等的各种数据的历史曲线。

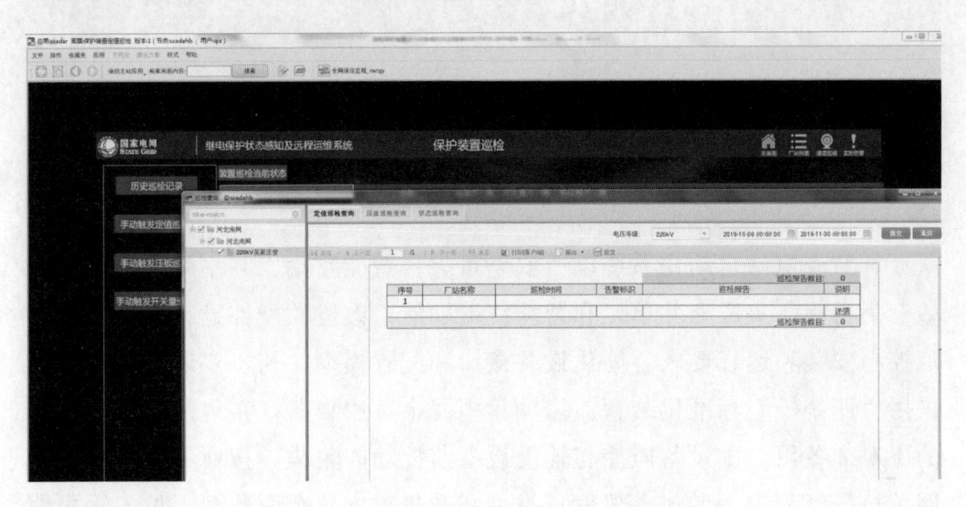


图 2-21 继电保护智能巡检历史查询展示

长期的保护运行会产生大量的告警，数据挖掘的前提是构造一个通用告警服务；而告警服务作为通用事件服务，为运行智能系统的各个子系统提供统一的事件信息采集、展示和通知等服务，按照一定的信息描述格式接收和汇总各类事件信息，并根据各自的特征对大量的事件信息进行合理分类。事件能同时进行实时数据库和历史数据库的存储。历史数据服务根据配置，通过采样程序定期收集采集的实时数据，通过事件程序收集 alarm 应用发送的事件数据，通过统计程序对上述数据进行统计计算。关系数据服务在处理、生成关系数据的同时，通过 db_access 历史接口对外提供历史数据服务。其他应用程序可以通过历史接口获取存储的监控系统历史数据。

历史数据库存储的数据范围很广，而且特点和用途各异，主要包括：①周期原始数据，如 SCADA 系统的遥测、遥信、遥脉等实时库中具有固定存储周期的数据；②计算统计数据，如系统运行报警信息、时间顺序记录数据、趋势及曲线数据等，此类数据通过定时刷新实现对各类数据变化轨迹的记录，对后续的计算、统计以及曲线分析具有重要价值。

模拟量数据和累计量数据会被记录和分析，按照电力系统要求处理带质量标志的典型数据和各时段相应数据的最大/最小值及发生时间、平均值等，统计峰谷平负荷和电量，并将有关数据与计划值进行比较，提供误差分析结果。

# 第三章　智慧变电站自动化关键技术

智慧变电站自动化系统以“安全可靠、智能互动、共享融合、灵活高效”为目标，集成合并单元和智能终端功能，改进软硬件设计，满足就地汇控柜安装和运行要求。简化设备接口和配置模型，初步实现即插即用。采用“四统一”标准化装置。增加集中冗余备用设备，实现故障或检修时的1对 $n$ 备用。主设备监控与辅助设备监控功能集成。按业务对服务器和网关机分组配置，增加上传信息类型和数量，支撑全面监视。扩大采集数据范围，补充经纬度、温湿度和时标等数据类型，提升数据质量。应用全站统一建模、一键式顺序控制、远程监视与管理、自动调试验证、站内可视化运维、在线版本管控技术等，提升变电站的自动化和智能化水平。

## 第一节　采集执行单元技术

采集执行单元主要用于数字化及智能化变电站系统，属于过程层设备，能够完成所在间隔的信息采集、控制以及部分保护功能，包括断路器、隔离开关、接地开关的监视和控制。

### 一、模拟量采集功能要求

#### 1. 数据采集与处理

采集执行单元输出的采样数据频率应不小于4kHz。在三相电流和电压不平衡及缺相的条件下，采集执行单元各电流和电压模拟量通道的相位误差的精度应不超过相应模拟量的相位误差要求。输入量频率变化引起的改变量、输入量波形畸变引起的改变量，应满足DL/T 630的规定。

#### 2. 数据输出

采集执行单元应采用DL/T 860.92规定的数据格式输出数据。采样值发送的间隔的离散值应不大于10μs。装置在复位启动过程中应不误输出数据；在电源中断、装置电源电压异常、采集单元异常、通信中断、通信异常、装置内部异常等情况下不误输出。

采集执行单元应至少支持 7 路传统互感器模拟信号接入；用于测量的交流模拟量幅值误差和相位误差应符合 GB/T 20840.7—2007《互感器 第 7 部分：电子式互感器》中 12.5 及 GB/T 20840.8—2007《互感器 第 8 部分：电子式电流互感器》中 12.2 部分规定，且采样值报文响应时间应不大于 1ms。

**3. 同步与对时**

采集执行单元应能接收外部时钟的同步信号，同步方式宜基于 IRIG-B。对时精度应小于 1μs，且应具有守时功能，在失去同步时钟信号 10min 以内的守时误差应小于 4μs。

在失去同步时钟信号且超出守时范围的情况下应产生数据同步无效标志。采集执行单元外部时钟信号从无到有变化过程中，允许在 PPS 边沿时刻采样序号跳变一次，同时采集执行单元输出的数据帧同步位由失步转为同步状态。

时钟同步机制如图 3-1 所示。

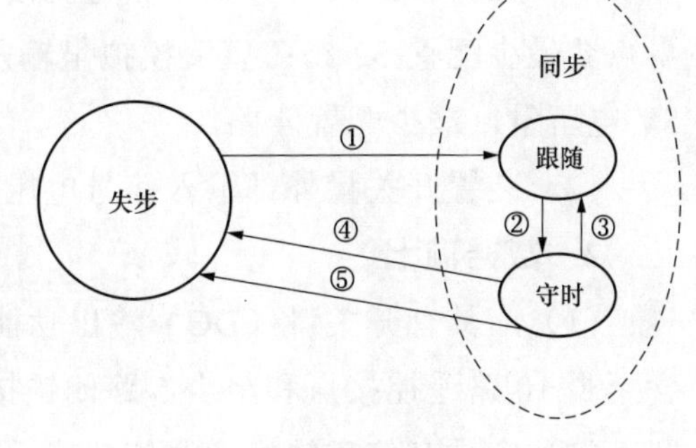

图 3-1 采样同步状态转换图

采集执行单元处于失步状态时，连续接收到 10 个有效时钟授时同步信号（时间均匀性误差小于 10μs），进入跟随状态，置同步标示（流程①）；在采集执行单元处于跟随状态时，若接收到的有效时钟授时信号与自身时钟误差小于 10μs，则保持跟随状态；若未接收到时钟授时信号或授时信号与采集执行单元自身时钟时间差大于 10μs 时，则进入守时状态（流程②）；在采集执行单元处于守时状态时，若接收到授时信号与采集执行单元自身时钟时间差小于 10μs 时，则进入跟随状态（流程③）；在采集执行单元处于守时状态时，连续接收到 5 个与采集执行单元时间差大于 10μs 有效时钟授时信号时进入失步状态，清除同步标志（流程④）；在采集执行单元处于守时状态时，若持续 10min 未接收到有效时钟进入失步状态，清除同步标志（流程⑤）。

**4. 其他功能**

采集执行单元能够提供秒脉冲测试信号，应具备1个光纤同步秒脉冲输出测试接口，用以测试装置的对时及守时精度。应能保证在电压异常、采集单元异常、通信中断、通信异常、装置内部异常等情况下不误输出；应配置装置检修压板，当检修压板投入时，所有发送的数据通道均应带检修标记。电压切换和电压并列功能应在电压切换箱和电压并列箱完成。

采集执行单元还具备光功率检测及报警功能。同时对于日志功能，能提供便捷的查看方法；装置应以时间顺序记录运行过程中的重要信息，如收到GOOSE命令的时刻、GOOSE命令的内容、开入变位时刻、开入变位内容、装置自检信息、装置告警信息、装置重启等；记录条数不少于500条。

## 二、状态量采集及控制功能要求

**1. 数据接入**

（1）应具有开关量（DI）和直流模拟量（AI）采集功能，开关量输入量点数最少配置32路；直流模拟量输入应能接收4～20mA电流量和0～5V电压量，最少配置4路。

（2）装置开关量外部输入信号电压宜选用DC 220/110V。

**2. 数据输出**

（1）应具有开关量（DO）输出功能，输出量点数最少配置15路，包含至少10路遥控接点和至少5路闭锁接点。

（2）应具有信息转换和通信功能，支持以GOOSE方式上传一次设备的状态信息，能够接收GOOSE控制命令。

（3）应具备监视光纤通道接收到的光信号强度的功能，并根据检测到的光强信息告警。

（4）宜具备状态量品质。

（5）应具备状态量时间品质。

**3. 其他功能**

（1）装置应支持检修硬压板输入，当检修投入时，装置面板应具备明显指示表明装置处于检修，并在报文中置检修位。当采集执行单元的检修状态与GOOSE发送方的检修状态不一致时，采集执行单元应不动作；一致时，采集执行单元应能正确动作。

（2）装置应具有闭锁、告警功能，包括电源中断、通信中断、通信异常、GOOSE 断链、装置内部异常等信号。

（3）装置的 SOE 分辨率应不大于 1ms。

（4）装置对于断路器、隔离开关位置信号均采用双点信息传送。

（5）装置在上电、重启过程中不误发信息。

（6）装置应具有开关量输入防抖功能，断路器位置、隔离开关位置防抖时间可根据现场按通道灵活设置。开入时标应是防抖前的时标。

（7）装置强电开入回路的启动电压值不应大于 0.7 倍额定电压值，且不应小于 0.55 倍额定电压值。

（8）装置采集的直流模拟量小信号精度误差应不大于额定值的 0.5%。

（9）装置应可通过单帧实现遥控。

（10）装置在收到硬接点开入后，转换成 GOOSE 报文的时间（不包括防抖时间）应不大于 5ms。

## 第二节 冗余测控技术

变电站自动化系统是调度自动化系统的一个重要组成部分，已广泛使用计算机技术对电力系统进行监视和控制，并成为实现电网调度自动化的可靠手段。实现电网调度自动化，首先要采集实时数据，对电网进行监视和控制，其主要功能是完成遥信、遥测、遥控、遥调任务。而实现上述功能，则是依靠侧装装置来实现，也就是测控技术。

不过在传统变电站内，测控技术通常采取一一对应原则，也就是一台测控装置实现一个间隔的遥信、遥测、遥控、遥调任务，一旦测控装置出现故障，就会使主厂站系统丧失对于该间隔的遥信、遥测、遥控、遥调功能，危及电网运行安全。

为了减少因测控故障而危及电网安全运行的风险，冗余测控技术应运而生，也就是冗余测控装置。冗余测控通常按全站设计，主要用于 110～220kV 电压等级。冗余测控装置能够集成多个电气间隔的测控功能，可作为实体测控装置的集中后备装置，涵盖了变电站监控系统规定的间隔测控、3/2 接线测控、母线测控，见表 3-1。

表 3-1　　　　　　　　　虚拟测控单元应用分类

| 序号 | 类型 | 应用分类 | 适用场合 |
| --- | --- | --- | --- |
| 1 | 虚拟侧空单元 | 间隔测控 | 主要应用于线路、断路器、高压电抗器、主变压器单侧加本体等间隔 |
| 2 | 虚拟侧空单元 | 母线测控 | 主要应用于母线分段或低压母线加公用间隔 |

## 一、功能配置

### 1. 管理功能

冗余测控一般具备以下管理功能：①支持同时下装 15 个测控装置的模型、参数、配置，支持按间隔进行管理；②支持同时运行至少 3 个虚拟测控单元；③能够独立建模上送装置的运行状态、故障告警信号、通信工况、软压板状态等信息；④支持远方、就地人工投退和自动投退各虚拟测控单元功能；⑤虚拟测控单元未投入运行时正常采集过程层信息并支持在液晶界面上按间隔进行查看，虚拟测控单元的站控层和过程层报文发送处于静默状态，不上送数据、不对外发送 GOOSE 报文，不接收站控层控制操作；⑥当装置自检故障时，闭锁投入虚拟测控单元，对于已投入的虚拟测控单元闭锁控制出口；⑦当实体测控装置在线运行时，冗余测控装置闭锁对应虚拟测控单元的投入，对于已投入的虚拟测控单元自动退出功能；⑧通过检测测控装置的过程层、站控层 GOOSE 报文发送状态判别测控装置是否在线。虚拟测控单元的投入闭锁逻辑详见表 3-2，虚拟测控单元的自动退出逻辑详见表 3-3。

表 3-2　　　　　　　　虚拟测控单元投入逻辑表

| 站控层 GOOSE 报文发送状态 | 过程层 GOOSE 报文发送状态 | 虚拟测控单元是否允许投入 |
| --- | --- | --- |
| 正常 | 正常 | 否 |
| 正常 | 异常 | 否 |
| 异常 | 正常 | 否 |
| 异常 | 异常 | 是 |

### 2. 间隔主接线图显示

冗余测控应具备全中文大屏幕液晶显示，可显示本间隔线路主接线图。

表 3-3　　　　　　虚拟测控单元退出逻辑表

| 站控层 GOOSE 报文发送状态 | 过程层 GOOSE 报文发送状态 | 虚拟测控单元是否自动退出 |
| --- | --- | --- |
| 正常 | 正常 | 是 |
| 正常 | 异常 | 是 |
| 异常 | 正常 | 是 |
| 异常 | 异常 | 否 |

用户在 PC 机上运行“液晶主接线图编辑工具”，根据不同间隔要求从元件库里挑选所需元件（断路器、隔离开关、电抗器、电容器、连线等），画出主接线图，该软件即可翻译成测控装置能识别的主接线图配置表代码 graph_x.data（x 为虚拟测控单元序号）文件，再通过装置管理板的 RJ45 以太网口或者面板调试口，使用相应工具将该文件输入本装置对应路径，装置断电重启液晶屏上即可显示出本间隔的主接线图。

**3. 遥信、遥测、遥控、遥调**

（1）遥信：每组开入按照规范定义，具备事件顺序记录（SOE）与查询功能，具有单路设置遥信开入防抖延时功能。

（2）交流量采集：根据不同电压等级要求能上送本间隔三相电压有效值、三相电流有效值、$3U_0$、$3I_0$、有功功率、无功功率、频率等，谐波量可通过装置菜单查看。

（3）直流量采集：装置具备 GOOSE 直流量采集传输功能，用于传输主变压器油面温度、绕组温度、直流母线电压以及智能户外柜的温湿度等信息。

（4）遥控：可接受主站下发的遥控命令，完成控制软压板、断路器及其周围刀闸，复归收发信机、操作箱等操作。还应提供就地操作功能，有权限的用户可在对应的虚拟测控单元主接线图上通过面板按键直接对断路器及其周围刀闸进行分合操作。

（5）有载调压：装置可采集上送主变分接头档位（全遥信、BCD 码、十六进制和十进制模式），能响应当地主站发出的遥控命令（升、降、停），调节变压器分接头位置。

**4. 同期功能**

可根据需要选择检无压、检同期方式，完成同期合闸功能。

### 5. 记录存储功能

装置以及各虚拟测控单元记录存储功能满足以下要求：①具备存储SOE 记录、操作记录、告警记录、安全记录及运行日志功能；②装置掉电时，存储信息不丢失；③装置及各虚拟测控单元存储的 SOE 记录、操作记录、告警记录条数均不少于 256 条。

### 6. 网络风暴抑制功能

冗余测控具备网络风暴抑制功能，风暴抑制功能根据网络数量流量自动开启与关闭，无需人为进行功能投退。站控层网络接口在线速 30M 的广播流量下工作正常，过程层网络接口在线速 50M 的非订阅 GOOSE 报文流量下工作正常。

### 7. 对时功能

冗余测控支持网络对时（SNTP）、脉冲对时、IRIG-B 对时方式、1588 对时方式进行时钟同步，对时功能满足以下要求：

（1）支持接收电 IRIG-B 码时间同步信号。

（2）具备同步对时状态指示标识，且具有对时信号可用性识别的能力。

（3）支持基于 NTP 协议实现时间同步管理功能。

（4）支持时间同步管理状态自检信息主动上送功能。

（5）虚拟测控单元的同步对时状态指示标识与冗余测控装置的同步对时状态指示标识保持一致。

（6）虚拟测控单元的时间同步管理状态自检信息与冗余测控装置的时间同步管理状态自检信息保持一致。

## 二、主要特点

### 1. 配置灵活

冗余测控的一大特点就是可灵活配置。

装置内部各插件做成模块化，相互之间靠内部总线连接，可根据工程需要简单地进行积木式插接满足不同间隔的功能。

装置通信功能强大，配备高速可靠的光、电以太网接口，支持 IEC 61850 标准通信，实现与变电站自动化系统通信。

装置根据现场需要提供多组 SV 通信接口，用于连接合并单元 MU 装置，实现 SV 采样功能；同时装置根据现场需要提供多组光纤 GOOSE 通新接口，用于接收过程层 GOOSE 订阅信息和发布 GOOSE 出口跳闸信息。

装置采用高性能处理器，大数据量存储器件，具备三路 100M 电以太网接口（可选光纤以太网接口），用户可以根据工程需要选订。在装置的前面板上还提供一个用于连接内部以太网的电以太网接口，便于外接 PC 机进行程序和配置文件的下载。

**2．就地操作功能**

冗余测控具备就地操作功能，就地状态下方可通过面板进行用户参数整定操作，紧急情况下高级用户可直接进入就地状态，对主接线图上对应的断路器、刀闸等直接进行分合操作。

**3．完整的事件记录**

冗余测控配有大容量 FLASH 芯片，可保存相关操作、SOE 记录、告警记录，掉电数据不丢失，便于事故原因分析。

**4．自动检测、自我诊断、现场免调**

冗余测控各插件出厂前经过专用设备的自动检测，无人工干预，可靠性高。同时，冗余测控具有完善的自诊断功能，运行过程中一旦有某块插件工作异常，能马上通知运行人员，并指明故障所在。装置能够监视每一个开出节点的动作情况。

本装置无任何可调电位器，装置各插件通过出厂前的自动检测后现场无需作任何调节，避免了人为因素对产品性能造成的影响，可靠性高。

**5．结构特点**

内部插件设计为后插拔方式，现场调试、故障维修极其方便。

冗余测控采用模块化设计。可分为液晶模块、面板模块及机箱模块。液晶模块采用注塑零件进行，内部根据电磁屏蔽要求进行接地及导电涂覆，也可以在外部增加金属外罩。前面板为整体铝压铸件；为液晶模块提供安装支撑。机箱模块为全不锈钢钣金制造，内层为电气安装插箱，外层是为插箱提供防护的钣金壳体。

**6．高性能、高可靠、大资源的硬件系统**

采用高集成度 SOC 芯片、非对称多核处理技术，研发了基于多核芯片的控制测控装置通用软件平台，实现了嵌入式实时系统和 LINUX 操作系统两个异构系统的独立可靠运行，保证了测控模块与管理、通信模块等的协调运行，提升了装置的可靠性。

高性能处理器，处理器主频达到双核 667MHz，支持浮点运算和硬件加速模式，配置大容量 512MBRAM。高性能的硬件体系保证了装置可以高速并行实时计算。

以太网接口采用 FPGA 实现技术，吞吐能力强，实时性好，兼容组网和点对点 SV、GOOSE 接入方式，具有很高的实时性、可靠性和稳定性。

硬件设计采用优选元器件，严格遵循强弱电隔离的设计原则，使用多层印制板、SMT 表面贴装和涂敷工艺，使得装置的整体抗干扰能力可以通过最苛刻电磁兼容测试，使得装置的整体抗干扰能力通过了 IEC 61000-4 标准中相关 EMC 的最高等级抗扰度要求。

**7. 支持 IEC 61850 标准通信**

装置能够支持 IEC 61850 标准通信，可以提供符合 IEC 61850 要求的设备模型文件（ICD 文件），支持 IEC 61850 定义的有关网络服务，可以支持多种站内网络配置方式。

## 三、工作原理

### （一）交流采样和计算功能

冗余测控采样频率为 4000Hz。

电压与电流的算法采用有效值均方根算法，具体计算公式如下。

$$U = \sqrt{\frac{1}{N}\sum_{k=0}^{N-1} u^2(k)} \tag{3-1}$$

$$I = \sqrt{\frac{1}{N}\sum_{k=0}^{N-1} i^2(k)} \tag{3-2}$$

当计算相电压时，$u(k)$是对应的相电压的采样值；当计算线电压时，$u(k)$对应的是计算出来的相应的线电压的采样值。

有功功率采用频域算法，总的有功功率等于三相功率的算术和，单相有功功率计算采用该通道各次谐波产生的有功功率的累加和的算法。即：

$$P = \textstyle\sum_1^n (U_i I_i \cos\theta_i) \tag{3-3}$$

$$P_\Sigma = P_\mathrm{A} + P_\mathrm{B} + P_\mathrm{C} \tag{3-4}$$

式中，$P$ 为单相有功功率，$P_\Sigma$ 为总有功功率。无功功率采用频域算法，总的无功功率等于三相无功功率的算术和，单相无功功率计算采用该通道各次谐波产生的无功功率的累加和的算法。即：

$$Q = \sum_1^n (U_i I_i \sin\theta_i) \quad (3\text{-}5)$$

$$Q_\Sigma = Q_A + Q_B + Q_C \quad (3\text{-}6)$$

式中，$Q$ 为单相有功功率，$Q_\Sigma$ 为总无功功率。功率因数的计算采用有功功率与视在功率比值算法进行计算。即：

$$\cos\varphi = \frac{P}{S} = \frac{P}{UI} \quad (3\text{-}7)$$

冗余测控装置应具备 TV 断线检测功能，TV 断线判断逻辑应为：电流任一相大于 0.5%$I_n$，同时电压任一相小于 30%$U_n$ 且正序电压小于 70%$U_n$；或者负序电压或零序电压（$3U_0$）大于 10%$U_n$。

冗余测控装置应具备 TA 断线检测功能，TA 断线判断逻辑应为：电流任一相小于 0.5%$I_n$，且负序电流及零序电流大于 10%$I_n$。

### （二）同期功能实现

#### 1. 并网分类

（1）差频并网，即发电机与系统并网和已解列两系统间联络线并网。差频并网时，同期装置快速捕捉并列点两侧的频差、压差，计算导前时间，发出合闸命令，在相角差为 0°时完成并网合闸操作。

（2）同频并网（或合环），即未解列两系统间联络线并网，两侧频率相同。并网时，如果并列点断路器两侧的压差及功角在给定值内时，同期装置发合闸命令。同频并网的允许功角整定值取决于系统潮流重新分布后不致引起继电保护动作，或导致并列点两侧系统失步。这种情况下不存计算频差、导前时间、捕捉 0°合闸的问题。

冗余测控支持检无压、检同期以及手合同期三种合闸方式。检同期方式下同期合闸时，测控装置根据频差、电压值、压差、导前时间的情况，自动选择同期方式。

注：检同期方式下内含检同期和捕捉同期合闸方式，按照当前频差大小自动切换准同期、检同期方式，当频差大于“检同期频差限定值”时使用准同期方式，否则使用检同期方式，检同期频差限定值固定为 0.02Hz。当系统参数菜单内的“检同期允许检无压”参数投入时，同期还可根据当前电压值自动切换至检无压方式。

#### 2. 同期合闸条件

（1）当两侧频差大于“检同期频差限定值”时进入准同期方式，合闸条件如下：

1）两侧的电压均大于有压定值。

2）压差小于压差定值。

3）频差小于频差定值。

4）滑差小于滑差定值。

5）两侧频率有效（46～54Hz）。

6）两侧电压均未超限。

7）电压模拟量品质未置检修。

8）TV 断线闭锁同期功能投入时，TV 断线未发生且电流通道品质有效且未置检修。

在以上条件都满足的情况下，装置将根据“准同期合闸角度”参数自动捕捉 0°合闸角度，并在 0°合闸角度时发合闸令，其中合闸角度的计算公式为：

$$\left|\Delta\delta-\left(360\Delta f\,T_{\rm dq}+180\frac{{\rm d}\Delta f}{{\rm d}t}T_{\rm dq}^{2}\right)\right| \tag{3-8}$$

式中 $\Delta\delta$ ——两侧电压角度差；

$\Delta f$ ——两侧电压频率差；

$\frac{{\rm d}\Delta f}{{\rm d}t}$ ——频差变化率；

$T_{\rm dq}$ ——导前时间。

导前时间指的是装置发出合闸脉冲的瞬间至运行系统电压与待并系统电压同相位的时间间隔，该时间用以确保开关合闸瞬间系统两侧的相角差为 0°，单位为 ms，范围为 0～2000ms。

（2）当两侧频差不大于“检同期频差限定值”时进入检同期方式，合闸条件如下：

1）两侧的电压均大于有压定值。

2）角差小于角差定值。

3）压差小于压差定值。

4）频差小于频差定值。

5）两侧电压均未超限。

6）电压模拟量品质未置检修。

7）TV 断线闭锁同期功能投入时，TV 断线未发生且电流通道品质有效且未置检修。

**3. 无压合闸条件**

（1）一侧/两侧小于无压定值。

（2）两侧电压均未超限。

（3）电压模拟量通道品质未置检修。

（4）TV 断线闭锁同期功能投入时，TV 断线未发生且电流通道品质有效且未置检修。

**4. 同期合闸控制方式**

冗余测控提供的断路器合闸方式有同期合闸和非同期合（强制合）闸两种方式，其中同期合闸方式包含遥合同期和手合同期控制两类同期控制方式，遥合同期控制包括检无压控制、检同期控制两种方式，装置同期具体功能及注意事项如下：

（1）检无压控制用于检无压合闸控制功能，不受内部压板菜单内同期压板、检无压压板状态影响。

（2）检同期控制用于检同期合闸控制功能，不受内部压板菜单内同期压板、检同期压板状态影响。在系统参数中的“检同期允许检无压”处于“使能”状态时，可以实现检无压合闸控制。

检无压控制、检同期控制，适用于要求同期合闸命令分开的使用情况，和断路器强制合闸方式配合，对应 3 个不同的断路器合闸实例，即检无压合闸、检同期合闸、强制合闸。主站在下发遥控命令时，进行了合闸命令区分，装置不在对遥控命令进行区分。

手合同期开入由分变合时触发手合同期，由装置内部压板菜单内所投入的软压板状态决定，当手合开入闭合时，面板弹出提示的提示信息中会包含“遥控对象：手合同期”。同期软压板包含同期功能压板、检无压压板、检同期压板、准同期压板和 4 个同期方式压板。其中，同期功能压板投入，表示同期功能投入；退出，表示同期功能退出。检无压压板、检同期压板、准同期压板分别对应 3 种同期合闸检定方式，3 个压板不允许同时投入。装置默认投入：同期功能压板、准同期压板、同期节点固定方式压板，即准同期方式合闸。若采用 GOOSE 方式的手合同期不判断装置是否就地状态。

## 第三节　自动化设备智能调试技术

自动化设备智能调试体系是对自动化系统厂站接入新模式的探索，可实现无信通传输通道的情况下主厂站遥信、遥测信号的自动传动，调度数据网及二次安防设备的互联调试，以及源端维护模式的形成。该体系的建立将主子站通道与通信通道解耦、安全与业务解耦、调试与运行解耦、调试与验收解耦，消除以往厂站与主站调试受通道制约的因素，开展基于RCD文件源端维护，在现有成型的标准基础上通过更加高效、准确的软件运算代替现有人工维护，实现全过程智能调试。

### 一、主子站模型源端维护

以变电站 SCD 文件为基础，由站端人员配置完成（包括一、二次设备关联信息）后上传主站，在主站开发监控信息点配置工具，将挑选后的信息点生成远动信息配置文件（RCD）。一方面，将RCD文件下发至站端“四统一”远动机，实现远动配置导入；另一方面将RCD文件写入主站D5000系统，实现前置点表和一次设备模型的生成，从而实现主子站统一的信息模型。

智慧变电站运动机采用“四统一”版本，支持 RCD 文件导入自动生成转发表配置功能。

RCD文件写入主站D5000系统，主要分为两个部分。

（1）RCD 文件解析入前置库。RCD 文件主要包含合并计算参与量信息、合并计算生成量信息、遥信转发信息、遥测转发信息、遥控转发信息、遥调转发信息。通过解析 RCD 文件将点号、遥信类型、极性等信息写入到前置遥信表中，将点号等信息写入到前置遥测表中，将遥控点号、遥控类型等信息写入到遥控相关表中，将遥调点号等信息写入到遥调相关表。流程如图3-2所示。

（2）RCD与SCD解析生成一次模型。调试平台接收站端SCD后，根据国家电网最新的站端建模标准，SCD文件已经包含了一次设备模型，调试平台通过解析SCD模型，可以获取站内一次设备信息，写入调试平台数据库。为了避免调试平台重复解析SCD文件，因此调试平台生成CIME模型文件，与RCD文件一起下发给D5000 Ⅲ区调试区。

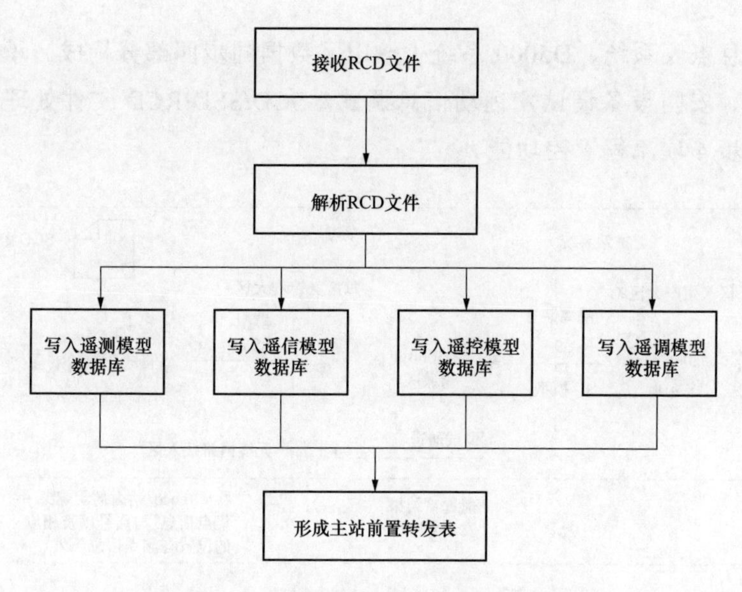


图 3-2　RCD 文件解析入前置库流程图

## 二、智能调试体系框架

智能调试体系由智能调试平台主站、无线网络传输通道、厂站模拟终端三部分组成。在新建厂站项目中应用效果最佳，可实现在通信光缆未架设的情况下，主厂站遥测遥信自动传动（俗称“自动对点”）、调度数据网及二次安防设备的互联调试，扩展了自动化系统投运前的调试窗口期，提升调试质量的同时保证厂站按期投运。智能调试体系全过程框架如图 3-3 所示。

厂站监控系统调试开始后，调试人员需通过一、二次通流加压，开关实际分合，告警信号实发等方式，对厂站监控后台进行“四遥”实传，保证间隔层、过程层设备配置正确，光缆、电缆接线正确，一次设备内部信号回路正确。

站内调试完成后，可使用智能调试平台进行主、厂站“四遥”传动，对远动机配置、D5000 系统“四遥”配置进行自动验证。如图 3-3 所示，信号传动闭环信息流为：智能调试平台—厂站模拟终端—厂站Ⅰ区数据通信网关机—D5000 系统Ⅲ区调试区—智能调试平台。

## 三、智能调试功能

### （一）智能调试平台主站

智能调试平台主站由 D5000 系统Ⅲ区调试区、自动化智能调试平台、监控信息点表系统、D5000 系统 I ～III区数据同步四部分构成。承载调度数据网、安防设备调试，远动信息调试，SCD/SSD/RCD 文件处理，启动模型同步 4 项流程管控功能。

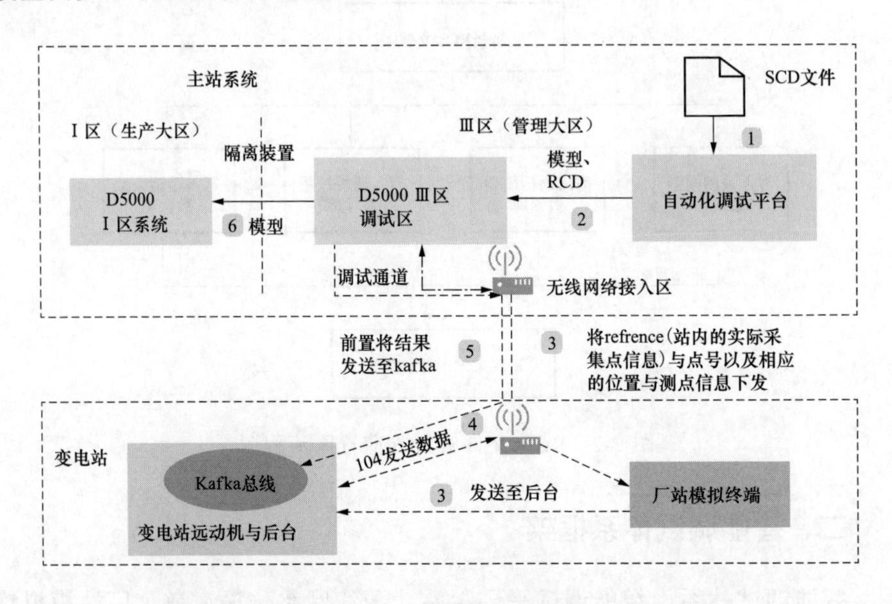


图 3-3　系统调试流程图

D5000 系统III区调试区是 I 区的镜像，由其通过无线网络与站端数据通信网关机建立数据通道，完成遥信、遥测传动（出于二次安防的考虑），传动无误后再将III区调试区数据同步至 I 区。III区调试区也可仿真地区骨干网任一节点路由和纵向加密装置，因此可以通过无线网络完成与站端路由和纵向加密装置的联合调试。

自动化智能调试平台是整个体系的管理中枢，对各个环节进行流程管控及数据验证，对厂站模拟终端下发对点命令序列，同时接收III区调试区传回的信号，通过比对 SCD 文件各测点 reference 和 104 规约点号，实现自动传动调试。

监控信息点表系统用于基于 SCD 文件的厂站自动化信息点表制作，生成 RCD 文件和变电站一次系统模型，导入III区调试区后自动生成 D5000 系统前置库，同时将 RCD 文件导入站内 I 区数据通信网关机，自动生成数据通信网关机的远动库。由此实现了基于 RCD 文件的源端维护及主厂站“四遥”模型的自动生成。

**1．调度数据网、安防调试模块工作流（如图 3-4 所示）**

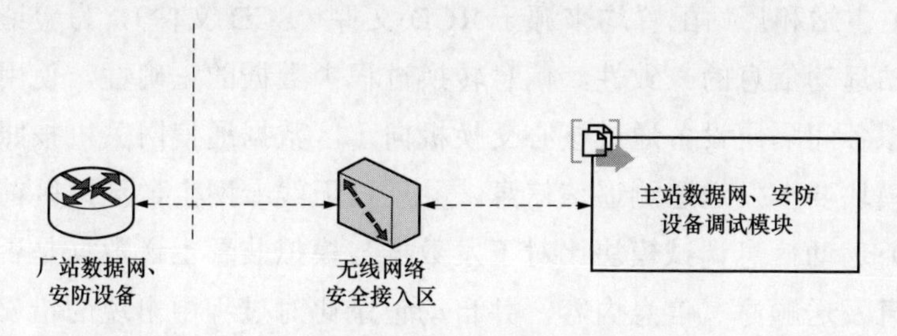


图 3-4　调度数据网、安防调试模块工作流

调度数据网、安防调试模块可仿真地区骨干网任一节点路由配置及纵向配置。

通过无线网络安全接入区实现主站平台与站端设备的互联互通，包括数据网路由器、交换机和纵向加密、网络安全监测装置。

**2．远动信息调试模块工作流（如图 3-5 所示）**

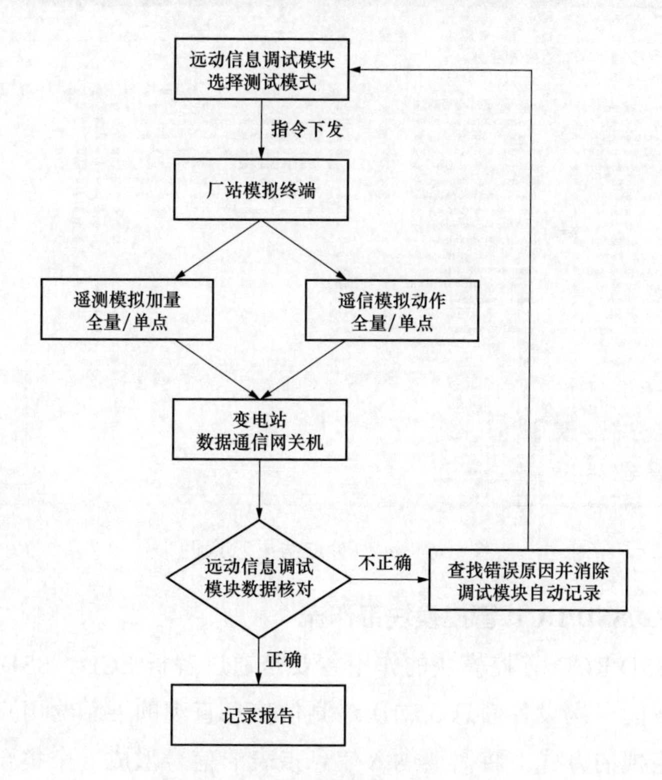


图 3-5　远动信息调试模块工作流图

主要实现的功能如下：

（1）主站和厂站配置均来源于 RCD 文件（SCD 文件），为验证主站前置与厂站远动信息的一致性，信息转换过程中数据的正确性，使用模拟装置，模拟各间隔层设备通过核心交换机向Ⅰ区数据通信网关机按照远动信息调试模块要求发送遥测遥信信息，并通过无线专网上送至Ⅲ区前置。

（2）远动信息调试模块比对下发数据与模拟装置上送数据是否一致，包括信息发送顺序、信息内容，并自动记录比对过程中出现的错误，比对完成后应出具测试报告。

（3）RCD 中各信息点应以 reference ID 为核心，SCD 文件固化后该 ID 在全站唯一且不可更改，远动信息调试模块可通过比对模拟装置上送与调试模块下发各信息点的 reference ID，检验变电站侧数据通信网关机及调度主站测前置服务器配置的正确性。远动信息调试模块校验收发 reference ID 一致性的示意图如图 3-6 所示。

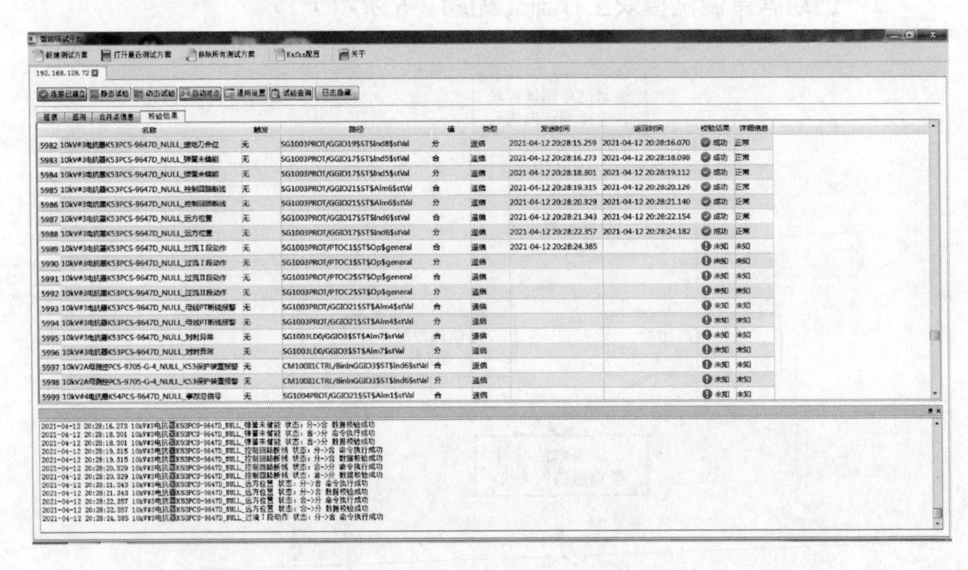


图 3-6　远动对点结果示意图

### 3．SCD/SSD/RCD 管控模块工作流

SCD/SSD/RCD 管控模块的作用主要是通过解析 SCD、SSD 文件，将变电站全量的一次设备信息、二次遥测信信息直观的展示给用户，用户通过点选或拖拽的方式，将需要纳入信息点表的信号形成一个集合，再由管控模块将这些信号打包成 RCD 文件，进而通过网络发送给变电站数据通

信网关机。SCD/SSD/RCD 管控模块工作流程如图 3-7 所示。

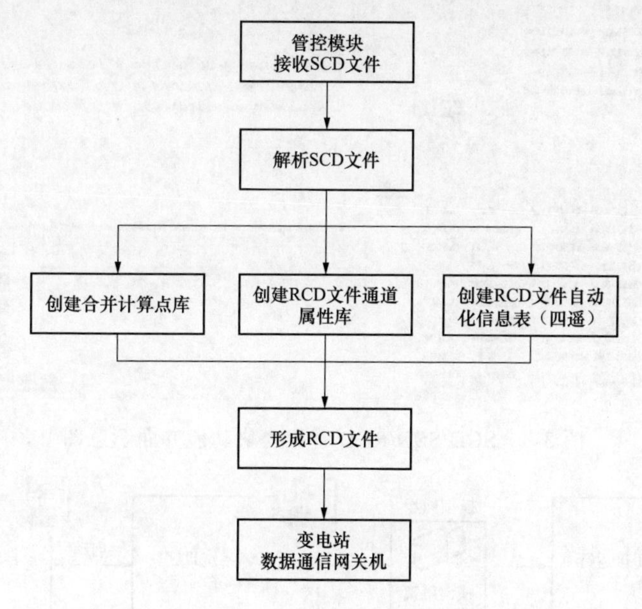


图 3-7　SCD/SSD/RCD 管控模块工作流程图

主要实现的功能如下：

（1）实现对 SCD 文件的全解析，包括 SSD 模型、虚端子连接。

（2）实现 reference 路径解析，以便正确核实虚端子连接正确。

（3）实现合并计算点库功能。

（4）实现 RCD 文件通道属性创建、维护功能。

（5）实现基于 SCD 文件的信息点挑选、维护功能，并且具备自动识别增量维护功能。如图 3-8 所示。

（6）实现基于计算点、通道属性、信息点表生成 RCD 文件的功能，同时具备 RCD 文件展示功能。

（7）具备与各厂商 SCD、RCD 的兼容性，互操作性高。

（8）具备 SCD、RCD、CID 文件的版本管理功能，通过自动化设备在线监测系统实现自动校核 CID 文件版本信息，验证文件唯一性和一致性。

**4．启动模型同步工作流（如图 3-9 所示）**

厂站与Ⅲ区调试区完成调试工作后，自动化智能调试平台发出启动模型同步命令，Ⅲ区调试系统开始与Ⅰ区运行系统模型同步，完成由测试态到运行态的转换，如图 3-10 所示。

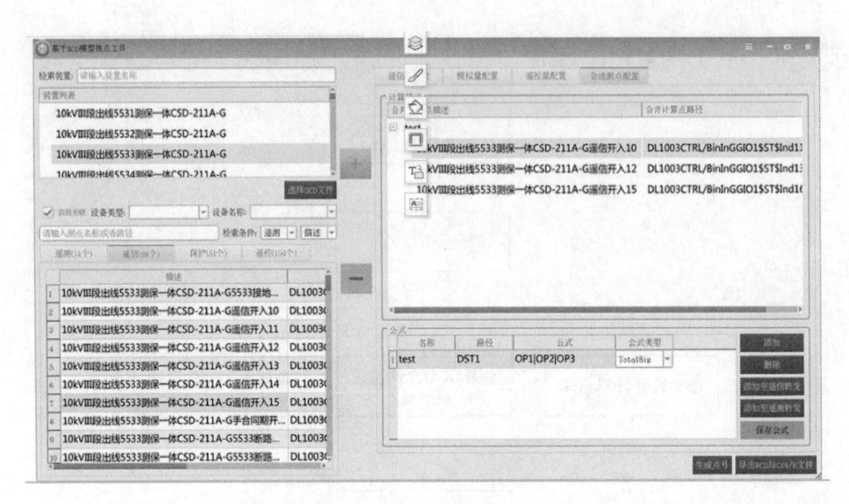


图 3-8　SCD/SSD/RCD 管控模块功能界面示意图

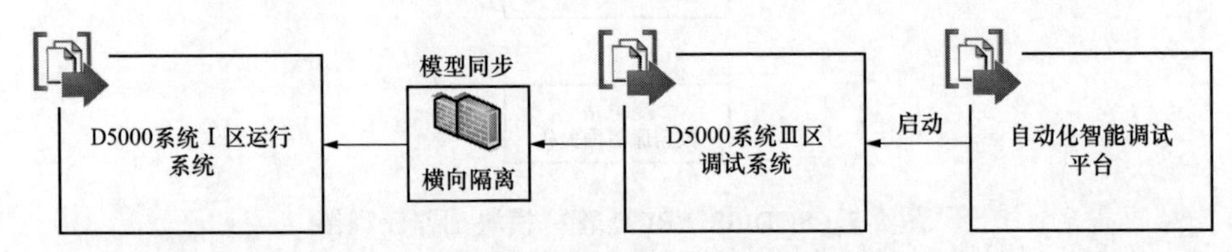


图 3-9　启动模型同步工作流图

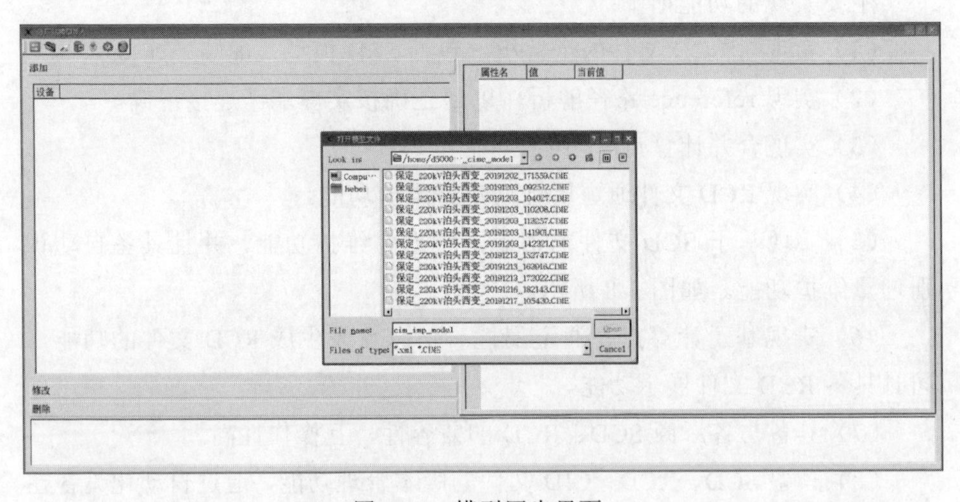


图 3-10　模型同步界面

## （二）无线网络传输通道

无线网络安全接入模块主要是实现主子站设备通过无线方式实现互联互通。系统结构分为移动终端层、网络安全通道层、安全接入设备层和业务系统层，如图 3-11 所示。

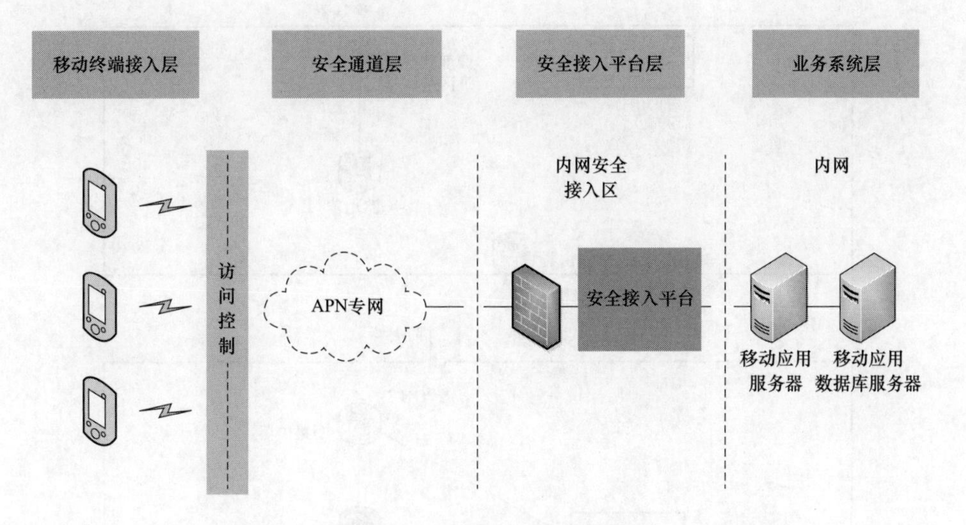

图 3-11　主厂站传输通道图

利用电信 VPDN 业务搭建调度数据网临时通道，在变电站通信未通的前提下，利用现有省公司的电信专线和 VPDN 技术，完成变电站和省公司的通道传输。

主站部署两台路由器，一台为 L2TP 路由器，是用于建立省公司和变电站之间的通道，中间使用防火墙进行防护；一台为 4G 路由器，用于和变电站对接。变电站侧部署一台 4G 路由器，用于和省公司设备对接。两台 4G 路由器插入物联网卡，利用现有的电信专线和 L2TP 路由器搭建一条虚拟链路，实现省公司和变电站之间的网络通信。如图 3-12 所示。

在无线传输方面，除了承载 4G 无线业务的 PDSN 网络本身就是区别于互联网的专网（PDSN 专网本身就具备比互联网更高的安全级别），此次方案使用的无线传输通道采用“4G＋VPDN”技术，进一步加强了整个无线传输通道在传输链路层面上的安全性。

在 PDSN 专网上建立 L2TP 隧道，整个无线数据传输通道实现了在数据链路层面的安全隔离，所有的数据都是在该隧道内进行传输，大大提升了数据传输的安全性和保密性。

**（三）厂站模拟终端**

厂站模拟终端接入站控层交换机，导入 SCD 文件后可模拟站内间隔层 IED 设备，模拟触发两遥信号通过Ⅰ区数据通信网关机上传至Ⅲ区调试区。接收智能调试平台主站的对点命令，按指令触发相应的信号。

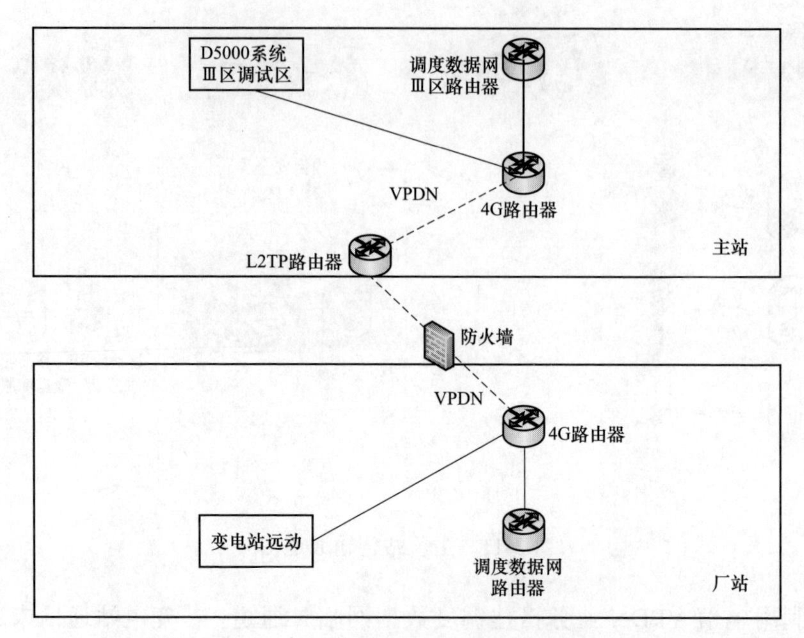

图 3-12　主厂站路由器设置图

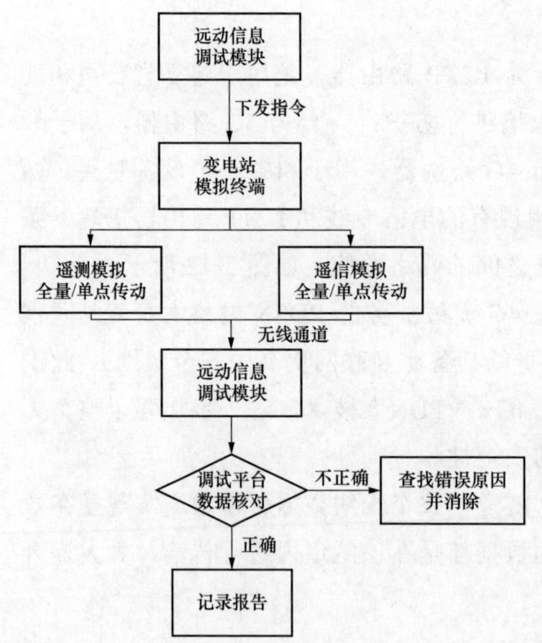

图 3-13　厂站模拟终端应用流程图

主要实现的功能包括解析主站下发的遥信、遥测、遥控、遥调信息，并按要求上送相关远动信息；具备模拟全站所有间隔层、过程层、站控层设备的能力；具备审查、校验 SCD/SSD/RCD 文件的规范性、正确性、唯一性，通过各点的 reference ID，校验变电站虚端子连接、光纤链路等信息的正确性。业务流如图 3-13 所示。

### （四）主厂站间文件传输

主子站间文件传输可以通过扩展 104 规约的 ASDU 实现，包括主站读取及主站下发两个方面。

主站读取厂站 Ⅰ 区数据通信网关机的 RCD 文件时，首先发送一帧请求报文，收到厂站的确认报文后置文件接收状态，逐帧接收 RCD 文件，接收完成后，对 rcd 文件完整性、合法性进行校验。具体过程如图 3-14 所示。

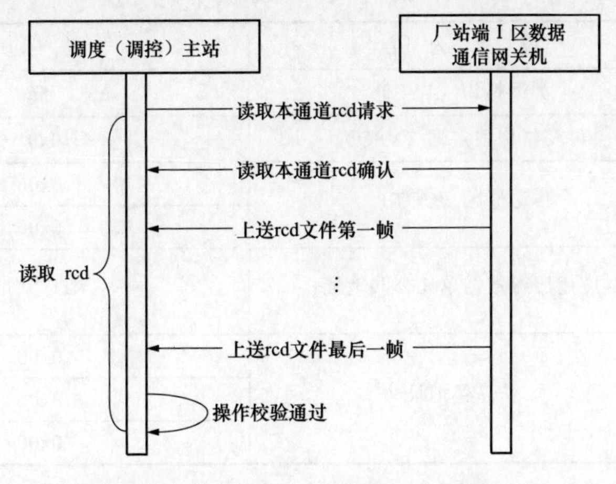


图 3-14　主站读取厂站 RCD 文件流图

主站对厂站Ⅰ区数据通信网关机下发 RCD 文件时，首先发送下发 RCD 文件请求报文，厂站Ⅰ区数据通信网关机收到请求报文后对主站发确认帧，并置文件接收状态，逐帧接收主站下发的 RCD 文件，接收完成后，对 rcd 文件完整性、合法性进行校验。具体过程如图 3-15 所示。

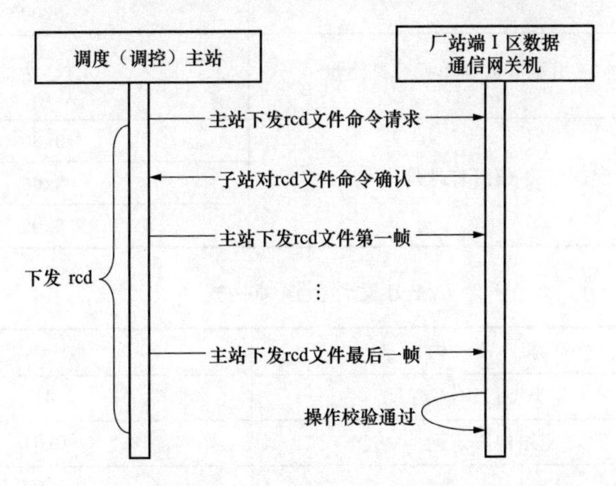


图 3-15　主站下发 RCD 文件流图

扩展 104 规约中，读取 rcd 文件请求帧采用类型标识“56”，下发 rcd 文件请求帧采用类型标识“57”，rcd 文件上传、下发文件传输帧采用类型标识“42”，rcd 文件传输帧中靠后续标志位及起始传输位置对文件传输过程进行管控，6 种帧格式详细内容见表 3-4～表 3-9 所示。

**表 3-4　主站读取 rcd 请求帧格式**

| 字节 | 报　文　内　容 | 说　明 |
|---|---|---|
| 1 | 类型标识（TYP） | 56 |
| 2 | 可变结构限定词（VSQ） | 0x01 |
| 3 | 传送原因（COT） | 0x06 |
| 4 | | 0x00 |
| 5 | 应用服务数据单元公共地址 | RTU 站址 |
| 6 | | |
| 7 | 信息体地址 | 0x00 |
| 8 | | 0x00 |
| 9 | | 0x00 |

**表 3-5　主站读取 rcd 响应帧格式**

| 字节 | 报　文　内　容 | 说　明 |
|---|---|---|
| 1 | 类型标识（TYP） | 56 |
| 2 | 可变结构限定词（VSQ） | 0x01 |
| 3 | 传送原因（COT） | 0x07（成功）/0x47（失败） |
| 4 | | 0x00 |
| 5 | 应用服务数据单元公共地址 | RTU 站址 |
| 6 | | |
| 7 | 信息体地址 | 0x00 |
| 8 | | 0x00 |
| 9 | | 0x00 |

**表 3-6　rcd 文件上送帧格式**

| 字节 | 报　文　内　容 | 说　明 |
|---|---|---|
| 1 | 类型标识（TYP） | 42 |
| 2 | 可变结构限定词（VSQ） | 0x01 |
| 3 | 传送原因（COT） | 0x0d |
| 4 | | 0 |
| 5 | 应用服务数据单元公共地址 | RTU 站址 |
| 6 | | |
| 7 | 后续位标志 | 0：无后续帧；1：有后续帧 |

续表

| 字节 | 报 文 内 容 | 说　明 |
| --- | --- | --- |
| 8 | 起始传输位置 | 本帧传输的文件起始地址在全部文件中的位置 |
| 9 | | |
| 10 | | |
| 11 | | |
| … | 文件内容 | |
| 12＋文件内容长度 | 和校验 | 文件内容部分累加和校验 |

**表 3-7　　主站下发 rcd 请求帧格式**

| 字节 | 报 文 内 容 | 说　明 |
| --- | --- | --- |
| 1 | 类型标识（TYP） | 57 |
| 2 | 可变结构限定词（VSQ） | 0x01 |
| 3 | 传送原因（COT） | 0x06 |
| 4 | | 0x00 |
| 5 | 应用服务数据单元公共地址 | RTU 站址 |
| 6 | | |
| 7 | 信息体地址 | 0x00 |
| 8 | | 0x00 |
| 9 | | 0x00 |

**表 3-8　　主站下发 rcd 请求响应帧格式**

| 字节 | 报 文 内 容 | 说　明 |
| --- | --- | --- |
| 1 | 类型标识（TYP） | 57 |
| 2 | 可变结构限定词（VSQ） | 0x01 |
| 3 | 传送原因（COT） | 0x07（成功）/0x47（失败） |
| 4 | | 0x00 |
| 5 | 应用服务数据单元公共地址 | RTU 站址 |
| 6 | | |
| 7 | 信息体地址 | 0x00 |
| 8 | | 0x00 |
| 9 | | 0x00 |

表 3-9　　　　　　　　主站下发 rcd 文件帧格式

| 字节 | 报　文　内　容 | 说　　明 |
| --- | --- | --- |
| 1 | 类型标识（TYP） | 42 |
| 2 | 可变结构限定词（VSQ） | 0x01 |
| 3 | 传送原因（COT） | 0x0d |
| 4 | | 0 |
| 5 | 应用服务数据单元公共地址 | RTU 站址 |
| 6 | | |
| 7 | 后续位标志 | 0：无后续帧；1：有后续帧 |
| 8 | 起始传输位置 | 本帧传输的文件起始地址在全部文件中的位置 |
| 9 | | |
| 10 | | |
| 11 | | |
| … | 文件内容 | |
| 12＋文件内容长度 | 和校验 | 文件内容部分累加和校验 |

## 第四节　自动化设备在线监测技术

自动化设备在线监测体系通过对自动化设备运行状态信息、对时信息、版本台账信息分级分类、标准化建模和统一采集，实现变电站自动化设备运行监视、智能诊断、状态评估、版本台账管理、时钟监测等功能，同时利用自动化设备远程监视与管理服务，通过服务注册、审批、定位和调用等功能，实现自动化设备远程运维。其信息源来自变电站内所有的自动化设备，包括测控装置、监控主机、数据通信网关机、综合应用服务器、同步相量测量装置、合并单元、智能终端、网络分析仪、网络交换机、时间同步装置等。

自动化设备在线监测系统由部署在变电站端的子站和部署在调度端的主站共同组成。子站完成规约转换、信息收集、处理、控制、存储，并按要求向主站系统发送信息。主站与子站通信，完成信息处理、分析、发布等功能，实现对变电站自动化设备的运行监视、智能诊断、状态评估和集中管理。子站和主站均为逻辑概念上的功能模块。子站功能模块宜与变电站端一体化监控系统集成部署。主站功能模块可与调度端主站系统集成，也可单独部署。

## 一、在线监测信息模型

为满足在线监测和异常分析功能要求，将自动化设备应提供的在线监测信息分成七大类，包括设备台账信息、通信状态信息、自检告警信息、设备资源信息、内部环境信息、对时状态信息远方控制信息。

（1）设备台账信息。自动化设备应提供台账信息，主要包括：装置型号、装置描述、生产厂商、软件版本、软件版本校验码、厂站名称、出厂时间、投运时间、设备识别代码等。

（2）通信状态信息。过程层设备的通信状态信息应包括 GOOSE 通信状态和 SV 通信状态。间隔层设备的通信状态信息应包括 GOOSE 通信状态和 SV 通信状态。站控层设备的通信状态信息应包括与各接入装置的通信状态，数据通信网关机还应提供与主站的通信状态。交换机应提供各端口通信状态信息。

（3）自检告警信息。自动化设备应提供自检告警信息，包括硬件自检、软件自检、配置自检等。

（4）设备资源信息。计算机类型自动化设备应提供硬件资源信息，主要包括 CPU 负载、内存使用率、磁盘存储空间等。

（5）内部环境信息。自动化设备应提供内部环境信息，主要包括内部温度、CPU 工作电压、光口功率等。

（6）对时状态信息。自动化设备应提供对时状态信息，主要包括对时信号状态、对时服务状态、时间跳变等。

（7）远方控制信息。测控装置和 I 区数据通信网关机宜支持通过通信方式实现远方复位功能。

### （一）信息要求

在线监测信息点应提供相对应的属性信息，包括是否强制、影响程度，同时建议提供相应的故障原因、检修建议等。

是否强制（M/O/C）说明如下：

（1）M：所有厂家设备都应提供的信息。

（2）O：建议提供的信息。

（3）C：在某种确定的配置情况下应提供的信息。

对开关量类型监测信息影响程度的分级定义如表 3-10 所示。

表 3-10　　影响程度分级定义

| 级别 | 影响程度 | 含　义 |
| --- | --- | --- |
| ① | 失效 | 表示设备无法工作，需立即处理或更换 |
| ② | 故障 | 表示设备主要功能异常，可根据功能异常情况处理 |
| ③ | 告警 | 表示设备异常，但不影响主要功能，可适时安排消缺 |
| ④ | 提醒 | 表示设备正常，运行参数或状态发生变化 |

故障原因和检修建议仅作为主站智能诊断、状态评估的参考信息，不在设备模型中体现，可通过静态文件等方式提供。

## （二）信息接口

### 1. 信息建模

在线监测的相关数据均应按照 DL/T 860 标准进行建模和组织。按照 Q/GDW 1396 中“7.1.3 逻辑设备（LD）建模原则”，在线监测的逻辑节点放置在公用 LD，inst 名为“LD0”逻辑设备中。

（1）逻辑节点建模原则。

1）设备台账信息。

设备台账信息应建模于 LPHD，见表 3-11。

表 3-11　　设备台账信息逻辑节点

| 类型 | 属性名 | 属性类型 | 全　称 | M/O | 中文 | 语义 |
| --- | --- | --- | --- | --- | --- | --- |
| 公用逻辑节点信息 | Mod | INC | 模式 | M | | |
| | Beh | INS | 性能 | M | | |
| | Health | INS | 健康 | M | | |
| | NamPlt | LPL | 铭牌 | M | | |
| 测量信息 | PhyName | DPL | 物理装置铭牌 | M | | |
| | PhyHealth | INS | 物理装置健康 | M | | |
| | OutOv | SPS | 输出通信缓存溢出 | O | | |
| | Proxy | SPS | 说明该逻辑节点是否为代理 | M | | |
| | InOv | SPS | 输入通信缓存溢出 | O | | |
| | NumPwrUp | INS | 上电次数 | O | | |

续表

| 类型 | 属性名 | 属性类型 | 全　称 | M/O | 中文 | 语义 |
|---|---|---|---|---|---|---|
| 测量信息 | WrmStr | INS | 热启动次数 | O | | |
| | WacTrg | INS | 检测到定时监视器复位次数 | O | | |
| | PwrUp | SPS | 检测到上电 | O | | |
| | PwrDn | SPS | 检测到断电 | O | | |
| | PwrSupAlm | SPS | 外部电源报警 | O | | |
| | RsStat | SPC | 复位装置统计 | O | | |
| 台账信息 | DevDescr | STG | 装置描述 | M | | |
| | SwRevCRC* | STG | CPU*的软件版本校验码 | O | | |
| | IPAddr* | STG | 以太网*的 IP 地址 | O | | |
| | MACAddr* | STG | 以太网*的 MAC 地址 | O | | |
| | SubName | STG | 厂站名称 | O | | |
| | MfgDate | STG | 出厂时间 | O | | |
| | UseDate | STG | 投运时间 | O | | |
| | PlateNum | ING | 插件数量 | O | | |
| | PlateTyp* | STG | 插件*型号 | O | | |

* 表示 CPU 编号、网口编号或插件编号。

2）通信状态信息。

按照 Q/GDW 1396 中的规定，通信状态统一在 GGIO 中扩充。扩充 DO 应按 Alm1，Alm2，Alm3…的标准方式实现。

3）自检告警信息。

按照 Q/GDW 1396 中的规定，自检告警统一在 GGIO 中扩充。扩充 DO 应按 Alm1，Alm2，Alm3…的标准方式实现。

4）设备资源信息。

设备资源信息应扩展逻辑节点建模。CPU 在线监测逻辑节点 SCPU 如表 3-12 所示。

**表 3-12　　CPU 状态监视逻辑节点**

| 类型 | 属性名 | 属性类型 | 全　称 | M/O | 中文 | 语义 |
|---|---|---|---|---|---|---|
| 公用逻辑节点信息 | Mod | INC | 模式 | M | | |
| | Beh | INS | 性能 | M | | |
| | Health | INS | 健康 | M | | |
| | NamPlt | LPL | 铭牌 | M | | |

续表

| 类型 | 属性名 | 属性类型 | 全　称 | M/O | 中文 | 语义 |
| --- | --- | --- | --- | --- | --- | --- |
| 状态信息 | Alm | SPS | 告警 | O | | |
| | Wrn | SPS | 预警 | O | | |
| 测量信息 | CpuRat | MV | CPU 负载率 | O | | |
| 定值信息 | CpuRatAlmSpt | ASG | 告警定值 | O | | |
| | CpuRatWrnSpt | ASG | 预警定值 | O | | |

内存在线监测逻辑节点 SMEM 如表 3-13 所示。

**表 3-13　　　　内存在线监测逻辑节点**

| 类型 | 属性名 | 属性类型 | 全　称 | M/O | 中文 | 语义 |
| --- | --- | --- | --- | --- | --- | --- |
| 公用逻辑节点信息 | Mod | INC | 模式 | M | | |
| | Beh | INS | 性能 | M | | |
| | Health | INS | 健康 | M | | |
| | NamPlt | LPL | 铭牌 | M | | |
| 状态信息 | Alm | SPS | 告警 | O | | |
| | Wrn | SPS | 预警 | O | | |
| 测量信息 | MemRat | MV | 内存使用率 | O | | |
| 定值信息 | MemRatAlmSpt | ASG | 告警定值 | O | | |
| | MemRatWrnSpt | ASG | 预警定值 | O | | |
| | MemSizeSpt | ASG | 内存容量 | O | | |

硬盘在线监测逻辑节点 SDSK 如表 3-14 所示。

**表 3-14　　　　硬盘在线监测逻辑节点**

| 类型 | 属性名 | 属性类型 | 全　称 | M/O | 中文 | 语义 |
| --- | --- | --- | --- | --- | --- | --- |
| 公用逻辑节点信息 | Mod | INC | 模式 | M | | |
| | Beh | INS | 性能 | M | | |
| | Health | INS | 健康 | M | | |
| | NamPlt | LPL | 铭牌 | M | | |
| 状态信息 | Alm | SPS | 告警 | O | | |
| | Wrn | SPS | 预警 | O | | |
| 测量信息 | DiskRat | MV | 磁盘使用率 | O | | |

续表

| 类型 | 属性名 | 属性类型 | 全　称 | M/O | 中文 | 语义 |
|---|---|---|---|---|---|---|
| 定值信息 | DiskSizeAlmSpt | ASG | 告警定值 | O | | |
| | DiskSizeWrnSpt | ASG | 预警定值 | O | | |
| | DiskSizeSpt | ASG | 磁盘存储空间 | O | | |

5）内部环境信息。

内部环境信息建模应按照 Q/GDW 1396 中温度监视 STMP、通道光强监视 SCLI、电源电压监视 SPVT 的规定执行。

6）对时状态信息。

定义 DL/T 860 扩展逻辑节点名称为 LTSM。逻辑节点的信息定义如表 3-15 所示。

**表 3-15　　对时状态信息建模**

| 类型 | 属性名 | 属性类型 | 全　称 | M/O | 中文 | 语义 |
|---|---|---|---|---|---|---|
| 公用逻辑节点信息 | Mod | INC | 模式 | M | | |
| | Beh | INS | 性能 | M | | |
| | Health | INS | 健康 | M | | |
| | NamPlt | LPL | 铭牌 | M | | |
| 测量信息 | HostTPortAlarm | SPS | 对时信号状态 | M | | |
| | HostTSrvAlarm | SPS | 对时服务状态 | M | | |
| | HostContAlarm | SPS | 时间跳变侦测状态 | M | | |

注　所有 Alarm 单点状态信息，0 表示正常，1 表示异常。

7）远方控制信息。

测控装置远方复位信息采用 LLN0 中扩展的 IEDRs 实现，如表 3-16 所示。

**表 3-16　　远 方 复 位 信 息**

| 类型 | 属性名 | 属性类型 | 全称 | M/O | 中文 | 语义 |
|---|---|---|---|---|---|---|
| 公用逻辑节点信息 | Loc | SPS | 对整个逻辑装置的本地操作 | O | | |
| | OpTmh | INS | 运行时间 | O | | |
| 控制 | Diag | SPC | 运行诊断 | O | | |
| | LEDRs | SPC | LED 复位 | O | | |
| | IEDRs | SPC | IED 复位 | O | | |

（2）数据集定义。

各种类型在线监测信息的数据集规定如下：

1）在线监测状态信息数据集（dsMonState）：包含在线监测相关的状态量类型信息，如通信状态信息、自检告警信、对时状态信息等。

2）在线监测量测信息数据集（dsMonMeas）：包含在线监测相关的量测量类型信息，如设备资源信息、内部环境信息等。

台账信息直接从模型获取，不提供通信上传功能。

**2. 信息命名规则**

模型和数据中属性的 name（名称）、desc（描述）和 dU（数据描述）三者作为命名使用。

模型中的对象名称（name）采用英文和数字组合，作为对象引用等处理场合。

desc 作为中文命名使用，列为强制项，所有属性 name 必须带有 desc，desc 采用英文和中文组合，满足 DL/T 1171—2012《电网设备通用数据模型命名规范》的要求。开关量类型监测信息影响程度应附加在 desc 后面，以“.Lv”作为分隔符。例如，“GOOSE 总告警”为影响程度为②的在线监测信息点，则其 desc 表示为“GOOSE 总告警.Lv2”。

模型中，所有实例化的数据都应具备 dU 属性，dU 采用英文和中文组合，满足 DL/T 1171 规范要求。dU 应与 desc 保持一致。

## 二、在线监测信息传输

过程层设备的在线监测信息应通过 GOOSE 通信方式对外提供，经测控装置转换为 MMS 信息上送子站；间隔层设备的在线监测信息应通过 MMS 通信方式对外提供；站控层设备的在线监测信息应通过 MMS 通信方式对外提供；公用设备，如交换机、时间同步装置等，应通过 MMS 通信方式对外提供在线监测信息。

### （一）主子站通信模式

为实现子站与主站通信，子站采用代理通信模式，如图 3-16 所示，即将变电站内各个设备 IED 映射为子站的虚拟 IED，虚拟 IED 和物理 IED 的数据模型保持一致，使用相同的虚拟访问点和服务器，子站为所有虚拟 IED 提供同一个网络地址，采用域特定对象进行变量和信息访问，实现与主站客户端的数据交互服务。

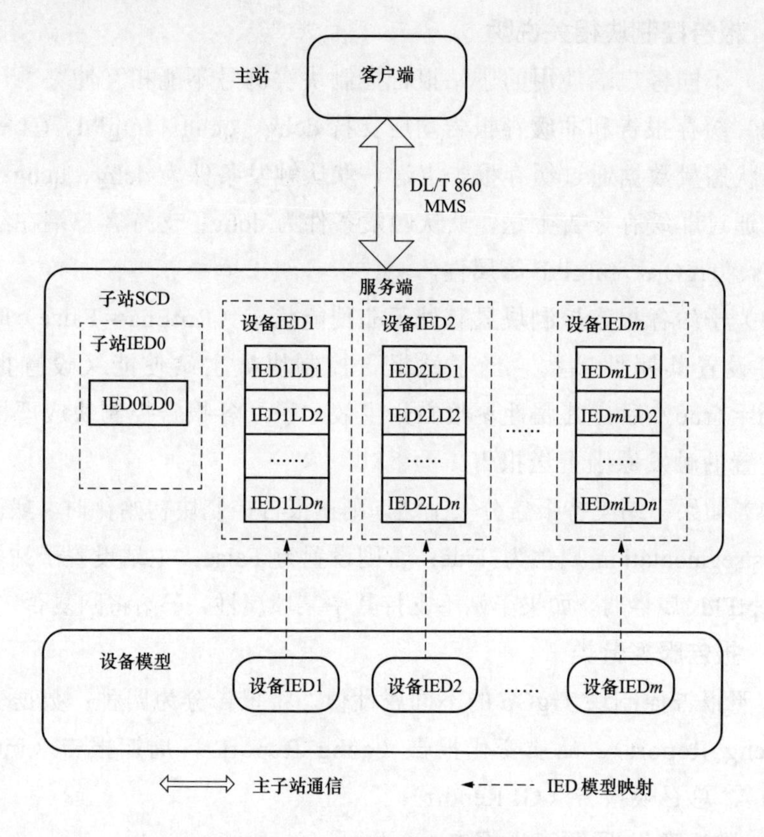


图 3-16　通信模式示意图

为保证子站在 SCD 文件变化后，仍能与主站建立正常通信连接，通过报告服务上送 SCD 变化告警并支持 SCD 文件召唤等功能，因此，对子站 IED 信息进行约定如下：

（1）在 IED 元素的 ConfigVersion 属性中填写 ICD 配置文件版本。

（2）在 IED 元素的 manufacturer 属性中填写子站装置的生产厂家。

（3）IED 元素的 type 属性规定为“AGENT_MONI”。

（4）IED 元素的 name 属性规定为“AGENT_MONI”。

## （二）实时数据功能

### 1. 实时数据上送

采用 Report、GetBRCBValues、SetBRCBValues、GetURCBValues 和 SetURCBValues 等服务进行实时量测量、状态量等监测数据的总召、周期、

条件触发上送。

**2．报告控制块相关说明**

（1）不同客户端使用的子站报告控制块实例号不能相互冲突。

（2）缓存报告和非缓存报告均应支持 dchg、qchg、IntgPd、GI 等触发条件；状态量数据通过缓存报告上送，默认触发条件为 dchg、qchg；量测量数据通过非缓存报告上送，默认触发条件为 dchg；支持客户端在线设置 OptFlds、TrgOp、IntgPd 等属性。

（3）子站各报告控制块只有处于非使能状态（RptEna＝False）时，主站才可设置其属性参数。当子站报告控制块被主站使能（设置报告块 RptEna＝True）后，其属性参数立刻生效。子站各报告控制块应严格按照主站设置的触发原因上送报告。

（4）如果子站支持报告分段上送，则在报告控制块初始化时，默认设置 OptFlds.segmentation 属性为 True；否则设置为 False；主站设置子站报告控制块 OptFlds 属性时，如果子站不支持其中某项属性，子站将回复否定响应。

**3．报告服务分类**

按照报告控制块 TrgOp 的不同属性值，将报告分为四种：数据变化报告（dchg Report）、品质变化报告（qchg Report）、周期报告（integrity Report）、总召唤报告（GI Report）。

**4．数据变化/品质变化报告**

（1）作为子站向主站上送量测量、状态量等相关数据信息的主要途径。当有量测量变化或者状态量变位，子站根据事先设置好的数据集向主站发送与量测量和状态量相关的数据。

（2）所有子站报告控制块 TrpOps 属性都应支持数据变化（dchg）和品质变化（qchg）。

（3）当子站所接自动化装置发生通信中断后，子站上送装置的通信状态量，主站不再向该装置下发任何的读写操作，子站不再发送该装置有关的报告数据。

具体流程如下：①子站监视所连接的自动化装置通信状态；②如果发现中断，上送装置的通信中断状态；③主站收到通信中断后，不再向子站下发读写操作，包括总召、读定值、修改定值、切换定值区等；④如果主站已经设置了周期上送，子站不再周期上送该装置的数据；⑤子站与该装置的通信正常后，上送该装置的通信状态；⑥主站收到该装置的通信状态正常后，此时才可以下发读写操作。

### 5. 周期报告

所有报告控制块 TrpOps 属性都应支持完整性周期（Integrity）；报告周期时间 IntgPd 由主站设置，默认为 60min。

### 6. 总召唤报告

所有报告控制块 TrpOps 属性都应支持总召唤（general-interrogation）；总召间隔时间由主站设置，默认为 360min；周期报告与总召唤报告建议二选一。

## （三）定值管理功能

在设备支持的前提下，定值服务通过 SelectActiveSG、SetSGValues、ConfirmEditSGValues、SelectEditSG、GetSGValues、GetSGCBValues 实现远方读取、修改定值及切换定值区的功能。

（1）指定区定值召唤：通过 SelectEditSG 服务将召唤的定值区选择（切换到）为定值编辑区；通过 GetSGValues 服务读取定值，功能约束 FC＝SE（获得定值编辑区中的定值）。

（2）当前运行区定值召唤：通过 GetSGValues 服务读取定值，功能约束 FC＝SG（获得定值运行区中的定值）。

（3）在同一时间内，子站只支持一个主站定值操作；如有两个以上主站同时操作，则子站对后收到的主站命令返回失败。

## （四）远方控制功能

设备应具备软压板投退、信号复归等远方控制功能。

（1）使用 SelectWithValue（带值的选择）、Cancel（取消）和 Operate（执行）服务。

（2）信号复归和设备复位使用 direct control with normal security 方式。

（3）软压板投退及其它控制使用 sbo-with-enhanced security 方式。

（4）设备应初始化遥控相关参数（ctlModel、sboTimeout 等）。

（5）SBOw、Oper 和 Cancel 数据应支持 GetDataValues（读数据值）服务。

（6）在同一时间内，子站只支持一个主站控制操作；如有两个以上主站同时操作，则子站对后收到的主站命令返回失败。

## （五）文件传输功能

### 1. 模型定义

（1）文件名称应由文件路径和一个文件名称构成。长度应不超过 255 个八位位组。

（2）文件名称是否区分大小写应在 PIXIT 中声明。

（3）文件长度以八位位组为单位，文件长度应大于 0。

（4）最大文件规范长度应在所实现的 PIXIT 声明中规定。

（5）LastModified 为文件最后一次修改的时间，其属性类型为 Timestamp，在网络上传输时应采用 UTC 时间。

（6）文件扩展名用于区分文件的内容格式，后缀宜不超过 3 个八位位组。

（7）传输的文件应包含（但不限于）scd、cid、icd、ssd 4 种不同后缀名称的文件。

（8）子站默认配置文件存储位置\CONFIGURE。

### 2. 文件传输

（1）文件服务的参数应按 DL/T 860.81 中的规定执行。

（2）FileName 参数不应为空。

（3）File-Data 参数应包含被传输的数据，File-Data 的类型为八位位组串。

（4）读文件目录时，不可使用“*.*”参数。

### 3. 配置文件传输

（1）在路径参数中增加过滤条件标识及条件字符串，格式为“条件标识”—“条件”，条件标识及条件具体应用不做硬性规定，由主子站协商确定。

（2）当以时间方式进行列表（文件）过滤时，主站向子站发送的请求服务参数中，扩展路径参数如下：在路径名前增加“开始时间”“结束时间”，两者之间采用“—”符号关联。

（3）召唤文件列表时的参数路径：开始时间—结束时间—条件标识—条件/CONFIGURE/IEDNAME。

开始时间、结束时间、条件标识、条件、“EDNAME 字段如果不启用时，填入“NULL”字符串，不允许为空。当 IEDNAME 为“NULL”，表示直接获取 CONFIGURE 目录文件列表。召唤文件时的路径参数采用召唤文件列表返回的文件名称下发，举例如下。

1）召唤 CONFIGURE 目录文件列表时的路径参数：NULL_NULL_NULL_NULL/CONFIGURE/NULL。

2）按照时间召唤 CONFIGURE 目录文件列表时的路径参数：20150102134020_20150202134020_NULL_NULL/CONFIGURE/NULL。

3）按照“VER”条件标识召唤“V1.0”CONFIGURE 目录文件列表时的路径参数：NULL_NULL_VER_V1.0/CONFIGURE/NULL。

（4）时间格式定义：年（四位）月（两位）日（两位）时（两位）分（两位）秒（两位）。

## （六）日志数据功能

设备的告警、遥信、变位等日志数据通过日志服务实现。设备模型需提供日志控制块信息，子站向主站提供的 SCD 模型中日志控制块信息与设备模型一致。

主站查询子站日志数据通过日志服务实现，规定如下：

（1）子站应提供日志服务，主要包含：①GetLCBValues（读日志控制块值）；②QueryLogByTime（按时间查询日志）；③QueryLogAfter（查询某条目以后的日志）；④GetLogStatusValues（读日志状态值）。

（2）子站应提供与设备模型中日志控制块引用的数据集所定义信息的存储和查询功能。

（3）子站应对设备主动上送的突发报告类数据进行记录并响应主站查询，但不包括周期报告数据、总召报告数据。

（4）对于非缓存数据，由子站定时存储，存储周期应满足应用要求。

（5）子站启动时 LogEna 属性应自动设置为 True，TrgOp 属性设置 dchg 为 True（数据变化触发），其他为 False。主站不应改变子站日志使能属性和修改日志控制块中其他属性的值。

（6）日志条目的 DataRef 和 Value 参数分别填充日志数据集成员的引用名和数值，需区分数据集成员 FCD 和 FCDA 类型。

（7）子站从设备查询的日志信息不需保存。

## （七）时间管理功能

### 1. 原理

在主站与子站之间的时间同步监测宜采用 NTP/SNTP 协议，基于 NTP/SNTP 的时间同步监测算法如图 3-17 所示。

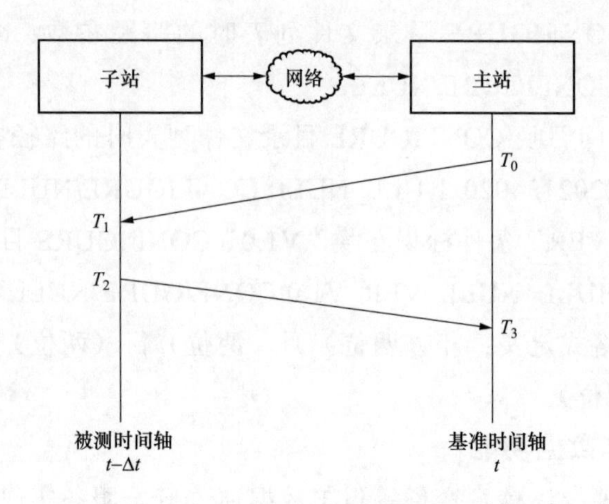


图 3-17　时间同步监测管理原理图

图 3-17 中，$T_0$ 为管理端发送“监测时钟请求”的时标；$T_1$ 为被监测端收到“监测时钟请求”的时标；$T_2$ 为被监测端返回“监测时钟请求的结果”的时标；$T_3$ 为管理端收到“监测时钟请求的结果”的时标。$\Delta t$ 为管理端时钟超前被监测装置内部时钟的钟差（正为相对超前，负代表相对滞后）。$\Delta t=[(T_3-T_2)+(T_0-T_1)]/2$。

其中，$T_0$、$T_3$ 时标由主站给出，子站返回 $T_1$、$T_2$ 时标。

**2. 实现方案**

主站作为子站的管理端，主站采用轮询方式进行监测，全站轮询周期可调（建议为 1h）。当主站查询到某子站端一次监测值越限时，应以 1s/次的周期连续监测 5 次，并对 5 次的结果去掉极值后平均，平均值越限值则认为被监测的子站时间同步异常。

**3. NTP 配置**

时间同步监测中，NTP 采用客户/服务器模式。主站为客户端，子站为服务端。主站定期向子站发送报文。主站依照子站返回的时钟报文计算时钟偏差，但不会修改子站的时钟。网络时间协议 NTP 报文格式如表 3-17 所示。

Reference Identifier 字段，参考时间源。按照 NTP 标准规定，可在已预定义的标识外扩充。用于监测的服务器和客户端应统一填充“TSSM”（Time Synchronization Status Monitoring），标识自身为时间同步状态监测源，以便与正常对时用途的 NTP 服务区分。监测软件不应响应“TSSM”标识以外的请求。

表 3-17　　NTP 报文格式

| bit 0～1 | bit 2～4 | bit 5～7 | bit 8～15 | bit 16～23 | bit 24～31 |
|---|---|---|---|---|---|
| L1 | VN | Mode | Stratum | Poll | Precision |
| 根延迟 RootDelay（32bits） | | | | | |
| 根差量 Root dispersion（32bits） | | | | | |
| 参考时间源 Reference identifier（32bits） | | | | | |
| 参考更新时间 Reference timestamp（64bits） | | | | | |
| 原始时间 Originate timestamp（64bits） | | | | | |
| 接收时间 Receive timestamp（64bits） | | | | | |
| 发送时间 Transmit timestamp（64bits） | | | | | |
| 认证位（可选）Authenticator（optional 96bits） | | | | | |

Originate Timestamp 字段，NTP 请求报文离开发送端时发送端的本地时间。时间管理服务器监测软件（客户端）请求时应将该字段应填的值保存在本地内存中，发出的报文中该字段全部填充 0，即不向被测对象提供发送参考时间基准。

## 三、在线监测主站

### （一）主站基本要求

在线监测主站采集变电站自动化设备运行的关键信息，实现变电站自动化设备的在线监视、异常分析、状态评价和集中管理。

自动化设备在线监测主站系统应满足以下要求：

（1）可靠性要求。主站系统建设时应充分考虑可靠性要求，通过对关键硬件设备及软件采用冗余配置的技术手段，消除单点故障，确保不因部分软硬件故障而影响系统功能的正常运行。

（2）稳定性要求。主站系统建设时应充分考虑现有业务系统运行安全要求，确保不因监管功能运行异常影响现有业务系统稳定运行。

（3）安全性要求。主站系统应支持安全登录控制，应按责任区设置过滤查询结果和操作对象，应提供安全审计功能，记录用户操作日志。

（4）编码和命名要求。系统建设中所涉及的所有对象的编码和命名应符合《电网设备通用数据模型命名规范》要求，对于编码规范中没有明确的对象，在系统建设时按照编码规范对新对象编码予以实现。

### （二）主站系统架构（如图 3-18 所示）

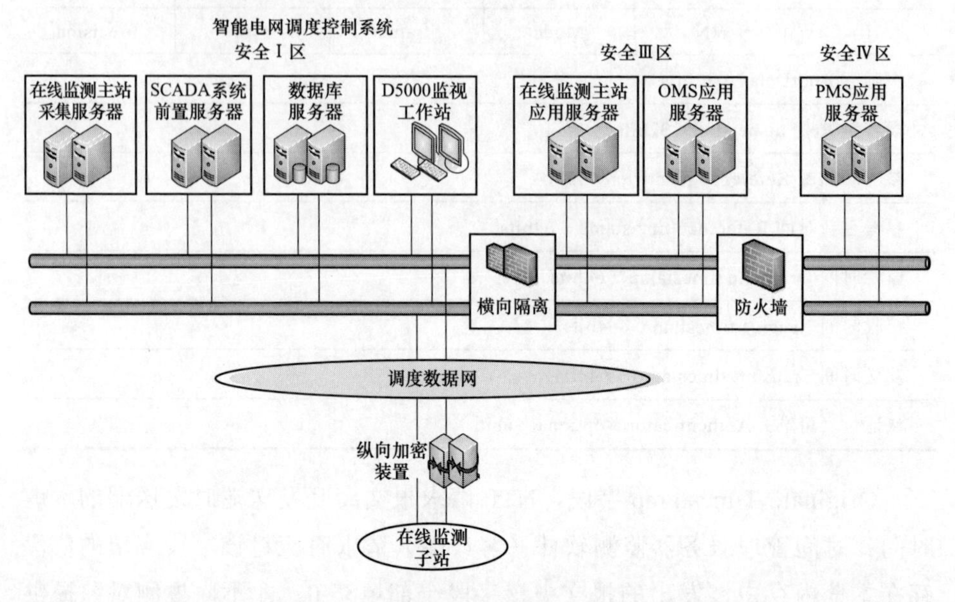


图 3-18　在线监测主站系统架构图

（1）采集服务器、应用服务器、数据库服务器采用主备机模式，双网接入。

（2）采集服务器负责收集子站上送数据，下发召唤/控制命令。

（3）应用服务器负责实现运行监视、故障告警、自动化设备和变电站配置可视化、设备缺陷管理、设备运行状态分析和评价、集中管理等功能。

（4）数据库服务器负责存储变电站模型、历史数据、自动化设备台账、告警信息等数据。

（5）监视工作站负责监视系统运行情况。

（6）维护工作站负载系统运行维护功能。

（7）在线监测主站获取智能电网调度控制系统Ⅰ区前置服务器远动定值数据。

（8）在线监测主站获取 OMS 系统远动定值数据，并发送缺陷记录和设备台账到 OMS 系统。

### （三）主站功能要求

在线监测主站的主要功能是实现厂站自动化设备建模、信息采集、运行监视、故障告警、SCD文件可视化、设备缺陷管理、设备运行状态分析和评价、集中管理、性能指标监视等。

**1．信息采集**

信息采集功能应满足以下要求：

（1）支持对子站模型文件、自动化设备台账、实时数据、告警信息的采集和处理。

（2）支持子站自动化设备的远方控制，以及对测控装置定值、Ⅰ区数据通信网关机远动定值的召唤和修改。

（3）支持调度数据网双平面连接。

（4）应提供统一的数据监视、操作、维护、诊断、统计等工具。

（5）应保证数据通信过程的连续性和可靠性。

（6）应支持日志数据补召。

**2．运行监视与故障告警**

主站应支持以图形、曲线、列表等方式显示设备运行、网络拓扑、网络报文等信息。包括：

（1）设备运行信息。通信状态、设备资源、内部环境和时钟等信息。

（2）网络拓扑数据。展示站内二次设备网络组成和连接关系、设备IP和MAC地址等基本网络信息。

（3）网络报文数据。实时监视和分析DL/T 860通信报文。

故障告警功能应支持：

（1）支持以列表方式展现告警信息，可按照告警源、时间范围、告警状态、告警级别、告警类型、告警内容等过滤。

（2）支持以光字牌方式展现告警信息，并可分层展示。

（3）支持告警信息按责任区划分显示。

（4）支持告警信息的故障定位、确认、清除。

（5）支持告警延时功能，告警如在延时判断期内恢复，系统只形成告警记录，不执行告警动作。

（6）支持声光告警、语音告警、短信告警功能，及时通知运维人员告警信息。

（7）支持告警抑制功能，针对不同的告警可分别设置抑制。

（8）告警级别可根据用户需求进行定义和重新设置，并可自定义告警显示颜色。

**3. SCD 文件可视化**

（1）模型可视化。

1）支持选择 SCD 模型文件，并进行自动解析。

2）支持按照电压等级、间隔、IED、控制块、虚端子五层结构对 SCD 模型文件进行梳理，并输出相关解析文件。

3）支持树型结构、模型文本和模型对象文本等展示方式。

4）支持 CID 及虚端子连接导出。

（2）SSD 拓扑可视化。

1）应根据 SSD 已有的一次拓扑关系显示一次接线图，一、二次设备关联及逻辑节点功能分配，间隔的布局应规范并整齐。

2）支持针对电压等级、间隔、IED、控制块、虚端子五层结构关系的 CIM/G 语言描述，实现虚端子可视化图形 CIM/G 文件的自动生成。

（3）通信配置可视化。

展示 SCD 模型文件中电压等级、间隔、IED、控制块层次关联关系，至少包括：①各子网网络结构、拓扑连接图；②IED 之间的网络连接关系；③GOOSE 连线图；④SMV 连线图；⑤插件及端口配置。

（4）SCD 对象属性可视化。

1）IED 设备属性可视化。支持显示 IED 装置 IP 地址、子网掩码、MAC、GOCB、APPID 等常见网络通信参数、GOOSE 及 SMV 的组播地址、GOOSE 插件的端口分配等；

2）虚端子属性可视化。支持 IED 装置之间的虚端子连接关系，默认隐藏 DL/T 860 变量引用；虚端子信息清晰简洁展示，宜用箭头区别显示装置的输入输出虚端子。

**4. 设备缺陷管理**

（1）缺陷记录自动生成。

可根据告警信息和缺陷生成规则，自动生成缺陷信息记录，缺陷记录应包含所属厂站、生产厂商、装置型号、装置描述、软件版本、缺陷记录时间、缺陷内容等信息。

（2）缺陷统计分析。

设备缺陷信息可按照所属厂站、生产厂商、装置型号、装置描述、软件版本、缺陷记录时间等字段分别进行统计。

（3）家族性缺陷界定。

1）系统定期根据缺陷记录，自动对设备的生产厂商、装置型号、软件版本、出厂时间等进行多维度统计分析，给出分析结果。

2）支持用户确认功能，确认分析结果是否为家族性缺陷。

3）家族性缺陷信息的内容应包括设备类型、家族性缺陷设备相关要素（生产厂商、装置型号、插件型号、出厂时间、投运时间等）、对设备状态的影响、家族性缺陷处理意见等。

**5. 设备运行分析和状态评价**

（1）设备健康指数评价方法。

健康指数以设备当前运行状况、过去一段时间内的设备运行数据、投运年限、产品家族的模型参数信息、检修维护信息等作为参数项，应用评估算法计算得到。

（2）状态评价和措施。

1）运行分析和状态评价应定时进行，并对设备健康指数评价结果归档管理。

2）健康指数评价结果应使用表格、图表等方式直观展示，并依据健康指数等级，对严重、异常设备醒目提示。

3）可以通过多个查询维度，对设备健康指数评价结果进行查询、统计、打印、制作报表。

4）依据设备的健康等级，给出处理措施建议；处理措施建议参考设备相关告警的检修建议。

（3）知识库维护和数据分析。

健康指数评价分析，应能够通过知识库维护，利用统计分析的原理，调整评价模型的各个组成参数；并通过回归测试，重新对设备进行健康指数评价，以保证参数调整的合理性。

1）统计分析。

a. 分析健康指数评价结果，通过对评价结果的分析，判定健康指数评价算法的各参数是否合理。

b. 对缺陷管理的家族缺陷分析结果，依据出现概率、影响程度等，给予一个分值。

2）回归测试。

当调整健康指数评价方法的参数后，应利用历史数据，重新进行健康指数评价分析。同时分析评价结果，并和参数调整前的分析结果进行比对，保证参数调整的合理性。

**6. 时间同步监测**

时间同步在线监测功能遵循分级管理的原则。主站系统对子站系统的对时状态进行在线监测管理，发现异常，及时告警。时间同步在线监测功能包括对时状态监测和对时偏差分析两项子功能。

对时状态监测按照时钟同步装置定义的数据传输规约及告警格式，接收时钟同步装置的设备状态自检数据和告警信息，监测时钟系统本身的对时状态，如对时状态异常则及时产生告警。

对时偏差分析模块利用乒乓原理对厂站监控系统和调度主站内时间同步系统上送的时标进行分析，计算时间同步管理者与其他被监测设备之间的时钟偏差，如超过对时精度要求（调度主站与厂站的精度应小于 10ms，厂站内部精度应小于 3ms），则及时产生告警。

主站采集服务器作为时间同步监测管理者，基于乒乓原理（三时标）实现对子站的时间同步监测管理，根据对时结果来检测各变电站时钟对时的准确性，从而保证全网时钟同步的准确性。

主站采集服务器轮询到一次监测值越限时，应以 1s/次的周期连续监测 5 次，并对 5 次的结果去掉极值后平均，平均值越限则认为被监测对象时间同步异常，生成相应的告警信息。

## 四、在线监测子站

### （一）子站基本要求

通过对变电站端自动化设备进行实时监测，对状态监测信息进行采集处理、分析归纳、展示利用和数据服务，实现变电站端站内自动化设备的状态监测、自动化设备可视化综合管理，将全站状态监测数据实时上送到各级调度，响应远方命令，支持远方召唤服务，实现自动化设备的在线监测及集中管理。

采用统一的数据模型及通信规范，灵活支持设备信息模型及业务功能扩展，提供便捷的可视化展示手段，满足电力二次系统安全防护的相关要求。

自动化设备在线监测子站的部署宜与一体化监控系统集成，不应影响已有设备运行。

**（二）子站系统架构（如图 3-19 所示）**

自动化设备在线监测子站应能集成到现有一体化监控系统，通过自动化设备在线监测子站上传状态监测数据到在线监测主站。站内自动化系统应依据《智能变电站一体化监控系统技术规范》（Q/GDW 10678—2018）执行，按照三层原则，分为站控层、间隔层及过程层。

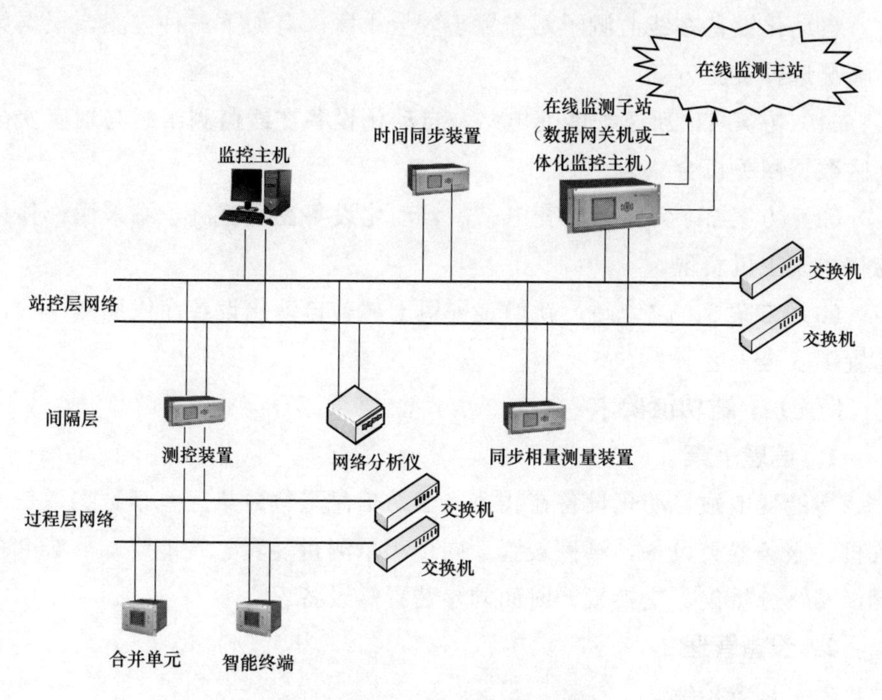

图 3-19　在线监测子站系统架构

站控层自动化设备包括数据通信网关机、监控主机、时间同步装置、交换机等设备。站控层设备之间宜通过 DL/T 860 方式实现在线监测数据交互。采用一体化平台的智能变电站，数据通信网关机、监控主机可采用内部总线方式实现更高效率的数据传输。

间隔层设备包括测控装置、同步相量测量装置、网络分析仪、交换机等设备。站控层与间隔层设备宜通过 DL/T 860 MMS 报文方式实现在线监测数据交互。

过程层设备包括智能终端、合并单元、交换机、智能终端，合并单元的状态监测信息通过 GOOSE 方式发送给间隔层测控装置。

间隔层、站控层自动化设备在线监测信息直接上送至自动化设备在线监测子站。过程层自动化设备在线监测信息由测控装置收取后上送至自动化设备在线监测子站。本技术方案适用于各级调控中心的自动化设备在线监测主站功能的建设。

自动化设备在线监测子站负责汇集全站自动化设备在线监测信息并上送主站。

自动化设备在线监测子站布置于安全Ⅰ区。有如下三种方案，根据具体情况选择实施方案

（1）方案 1：新建智能变电站，自动化设备在线监测子站与现有安全Ⅰ区数据网关机合二为一。

（2）方案 2：新建智能变电站，自动化设备在线监测子站采用一体化监控系统主机实现。

（3）方案 3：改造站，新增装置用于部署自动化设备在线监测子站，布置于安全Ⅰ区。

### （三）子站功能要求

#### 1. 信息采集

智能变电站自动化设备在线监测子站信息采集对象应包括数据通信网关机、服务器类设备、测控装置、同步相量测量装置、智能终端、合并单元、网络分析仪、交换机、时间同步装置等设备。

#### 2. 设备管理

（1）远方控制。

远方控制应具备信号复归、设备重启、软压板投退及其他控制功能。

在同一时间内，子站只支持一个主站控制操作，如有两个以上主站同时操作，则子站对后收到的主站命令应答失败。

子站执行远方控制操作应具备日志记录功能，包括控制时间、控制名称、控制设备、控制结果、操作人员等信息。对于主站的操作，日志记录中的操作人员为通道名称；对于子站系统本地的操作，日志记录中的操作人员为子站系统中进行操作的用户。

（2）信号复归。

信号复归对象为子站设备和测控装置。

子站接收到主站信号复归的命令，应对相关设备执行信号复归操作。子站存在监控界面时，也可在其监控界面对设备执行信号复归操作。

信号复归应采用直控模式。

（3）设备复位。

设备复位对象为Ⅰ区数据通信网关机和测控装置。

子站接收到主站复位的命令，应对相应设备执行重启操作。子站系统存在监控界面时，也可在其监控界面对设备执行重启操作，执行操作应具有相应的操作提示及用户权限验证。

设备重启应采用直控模式。

（4）软压板投退及其他控制。

软压板投退及其他控制对象为测控装置。

子站接收到主站软压板投退及其他控制命令时，应对相应设备执行对应的控制操作。子站系统存在监控界面时，也可在其监控界面对设备执行控制操作，执行操作应具有相应的操作提示及用户权限验证。

软压板投退及其他控制应采用选控模式。

**3. 定值管理**

定值管理包括测控装置定值管理和Ⅰ区数据通信网关机远动定值管理。测控装置定值管理功能支持主站召唤、修改定值。Ⅰ区数据通信网关机远动定值管理功能要求子站在收到主站召唤远动定值命令时提供最新的远动定值文件。最新的远动定值文件从Ⅰ区数据通信网关机中直接获取，文件采用E格式。远动定值的管理应支持多个调度主站，每个调度主站支持一个或多个通信链路。

**4. 文件传输**

（1）文件传输描述。

文件传输功能是指子站支持变电站中的模型、图形、远动定值等不同类型文件的条件查询及传输，且在SCD模型文件发生变化时能通知主站。

（2）文件模型。

文件模型参照上文模型定义。

SCD模型文件命名：省名—地区名—电压等级—变电站名—版本号，变电站名称采用所属调度机构命名的自然名称（满足DL/T 1171—2012《电网设备通用数据模型命名规范》要求），版本号指当前SCD文件版本号；

SCD 模型文件命名采用 UTF-8 字符集。

远动定值 E 文件：命名为“省名—地区名—电压等级—变电站名—通道名—A（B）.E”，（A：主机，B：备机）变电站名称采用所属调度机构命名的自然名称（满足 DL/T 1171—2012《电网设备通用数据模型命名规范》要求），文件内容遵循附录 K：定制校核 E 文件格式。

当 SCD 版本号、修订号、校验码、数字签名任一发生改变时，自检告警数据集中的“ScdChange”状态值为“True”，子站自动延时（5 s 内）复归“ScdChange”信号。

（3）文件传输过程。

文件传输过程以 SCD 文件为例说明，如图 3-20 所示。

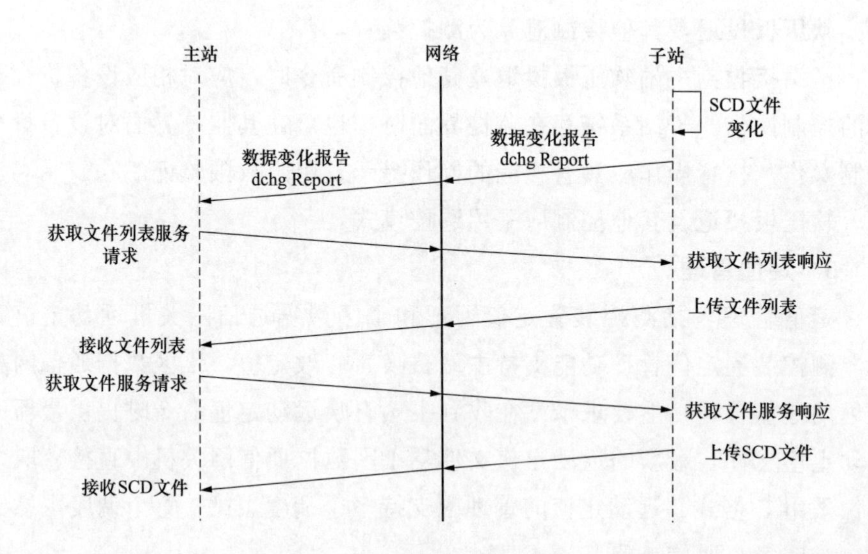


图 3-20　SCD 文件传输过程

文件传输过程步骤如下：

1）子站检查到 SCD 文件变化后通过数据变化报告（dchg Report）上送自检告警数据集“dsSelfCheck”信息。

2）主站收到自检告警数据后，判断“dsSelfCheck”中的属性“ScdChange”值，如果该属性值为“True”，则表明子站 SCD 文件发生变化；如果该属性值为“False”，则表明子站 SCD 文件未发生变化。

3）主站收到子站的 SCD 变化告警后，向子站发送 GetServerDirectory（objectclass 选择为 file）服务请求，子站响应 GetServerDirectory 请求，上

送文件列表。

4）主站收到子站上送的文件列表后，向子站发送 GetFile 服务请求，子站响应主站的 GetFile 请求，上送 SCD 文件。

### 5. 日志数据

子站对主站提供的每个 IED 的日志及数据集模型应和物理 IED 装置本身的模型一致。子站应具备根据 SCD 文件识别在线监测类日志控制块，IED 装置提供的 ICD 必须包含在线监测相关的数据集、报告块及日志控制块。子站记录的每个 IED 装置的日志数据，均由物理 IED 装置的突发报告生成（不包含周期上送及总召数据）。

### 6. 时间管理

时间管理的对象包括测控装置、网关机、同步相量测量装置、智能终端、合并单元、时间同步装置。应能实时监测站内自动化设备对时状态，监测数据包括对时状态测量数据和设备状态自检数据。

站内时间采用分层管理原则，时钟和被对时设备形成闭环监测。上一层设备自身对时正常时，其管理的设备测量数据才有效。过程层设备的时钟偏差和对时状态则由测控收集将其状态上送。

站内设备的对时状态测量方法采用基于软件时标的乒乓原理，站控层、间隔层装置的时间同步状态在线监测使用 NTP/SNTP 作为基本测量手段，过程层设备的时间同步状态在线监测使用 GOOSE 作为基本测量手段。

### 7. 可视化展示

（1）实时监测信息展示内容。实时监测信息展示内容是指各自动化设备的在线监测模型中定义的内容，主要为装置自检告警、通信状态、量测量等相关信息。

（2）自检告警信息。自动化设备应提供自检告警信息，包括硬件自检、软件自检、配置自检等。

（3）通信状态。通信状态主要是测控装置与过程层设备间的通信状态、子站与自动化设备的通信状态、子站与主站的通信状态、数据通信网关机与调度自动化主站的通信状态等。

（4）量测量。量测量主要是设备自身相关信息。

（5）控制操作接口。子站宜提供就地操作人机接口，支持对设备的信号复归、设备复位、软压板投退等控制操作。

## 第五节　辅助设备监测技术

辅助设备监控系统（Monitoring System of Auxiliary Equipment In Transfer Subatation）是指在变电站部署，集成了变电站在线监测、巡检机器人、视频监控、消防、安全防范、环境监测、$SF_6$ 监测、照明控制、智能锁控等子系统，为变电站综合监控提供辅助支撑的系统，也简称辅控系统，其使用的技术就是辅助设备监测技术。

辅助设备监测技术能够实现辅助设备数据采集、运行监视、操作控制、对时、权限、配置、数据存储、报表以及智能联动管理，为变电站综合监控提供辅助信息支撑。

### 一、系统拓扑架构

辅助设备监控系统拓扑架构如图 3-21 所示。

辅助设备监控系统由辅助设备监控主机、工作站、运检网关机、巡检机器人主机、视频监控主机、就地模块等组成，接入在线监测、巡检机器人、视频监控、消防、安全防范、环境监测、$SF_6$ 监测、照明控制、智能锁控等子系统。要求如下：

（1）辅助设备监控主机实现Ⅱ区辅助设备数据接入、运行监视、操作控制、智能联动、权限管理、系统配置、存储管理等功能。

（2）辅助设备监控系统工作站实现图形界面规范化展示、运行监视及操作控制等人机交互功能。

（3）视频监控主机实现Ⅳ区工业摄像机数据接入、操作控制、系统配置及转发服务等功能。

（4）巡检机器人主机实现Ⅳ区巡检机器人设备数据接入、上传、信令下发等功能。

（5）辅助设备运检网关机实现Ⅱ区变电站辅助设备信息接收上传、操作控制信息下发等功能。

（6）就地模块负责在线监测、安全防范、环境监测、$SF_6$ 监测、照明控制等辅助设备数据接入处理，其中门禁以及各类在线监测采用专用就地模块。

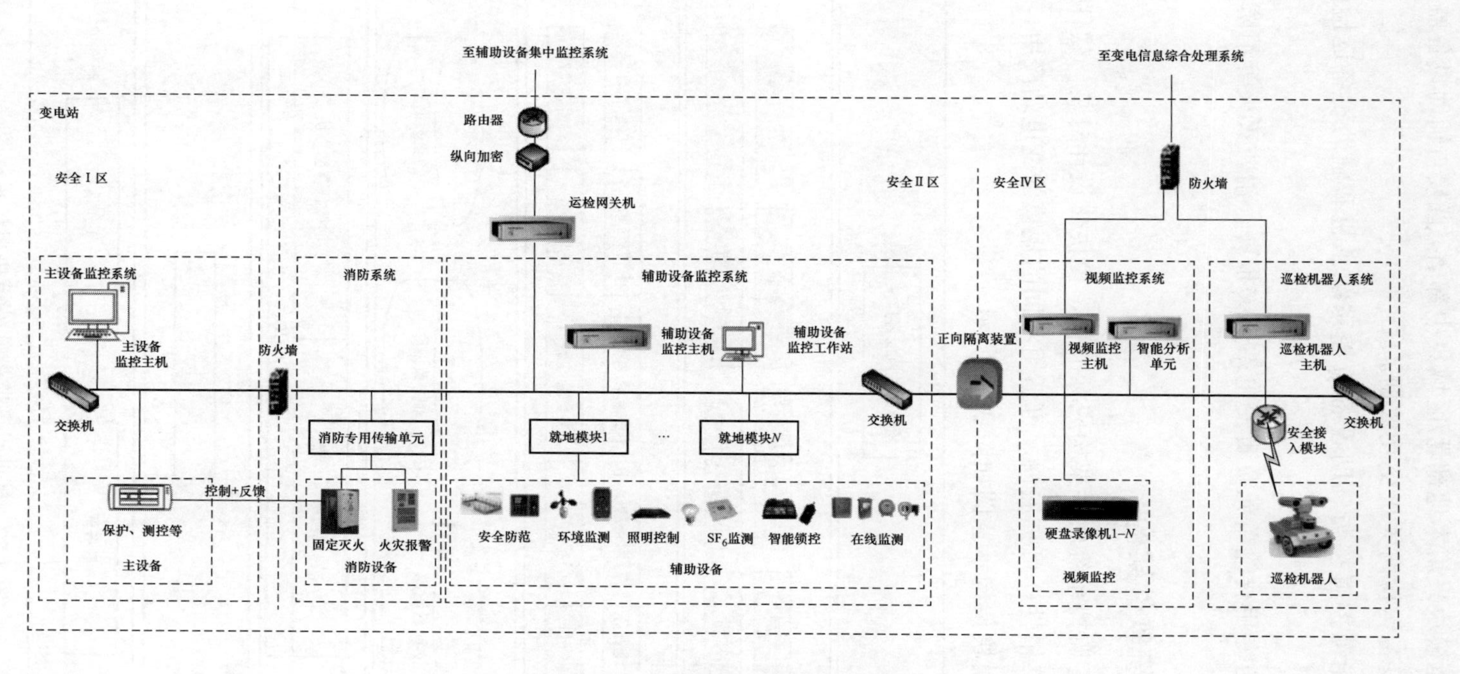


图 3-21　辅助设备监控系统拓扑架构

（7）就地模块采用本地部署/区域集中部署，直接与辅助设备监控系统主机和辅助设备运检网关机交互数据。

（8）智能锁控直接与辅助设备监控系统主机和辅助设备运检网关机交互数据。

（9）消防专用传输单元负责变电站火灾报警、消防灭火等消防设备数据接入处理。

## 二、系统软件架构

辅助设备监控系统软件架构应标准化、模块化设计封装，软件架构应具备良好的移植性、可扩展性，可适用不同的规模的变电站应用。辅助设备监控软件模块架构示意图如图 3-22 所示。

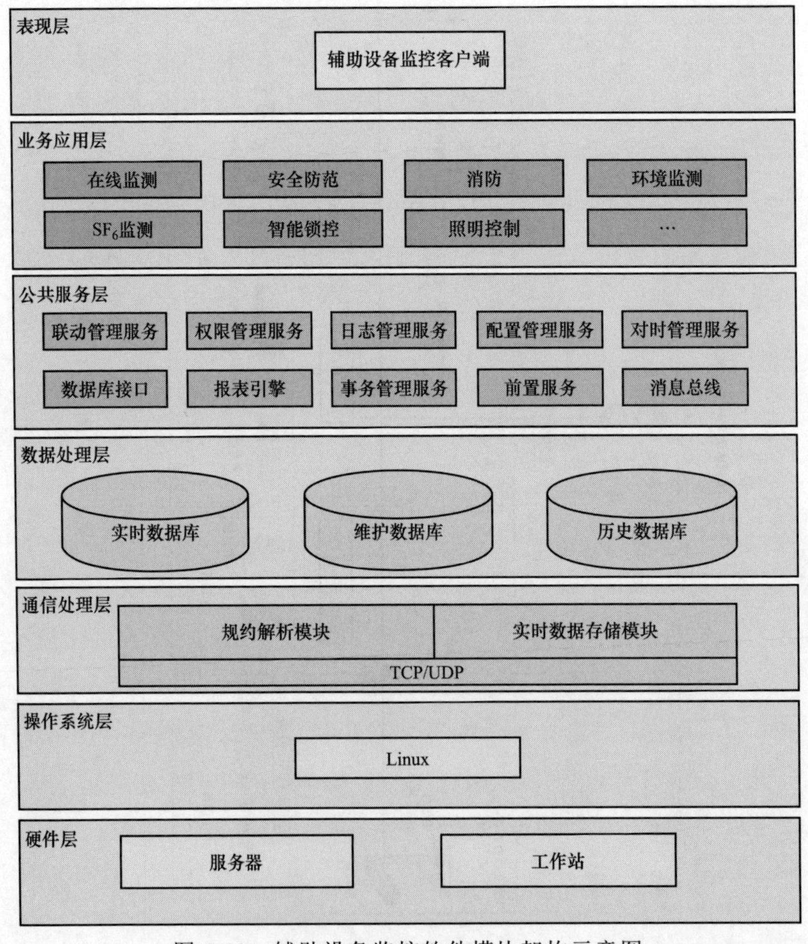


图 3-22　辅助设备监控软件模块架构示意图

辅助设备监控系统软件架构总体上应由硬件层、操作系统层、通信处理层、数据处理层、公共服务层、业务应用层和表现层组成。

（1）硬件层包含承载系统软件运行、监视涉及的服务器主机、工作站等主要硬件设备。硬件性能应满足系统软件运行需要，满足相应规范性文件要求。

（2）操作系统层包含辅助设备监控系统软件部署涉及的服务器、工作站等主要设备的操作系统。操作系统层应采用 Linux 操作系统。

（3）通信处理层负责将接收到的数据进行规约解析及实时数据存储。这要求通信处理层能够解析不同通信协议上送的数据，供系统后续的模块进行数据处理，同时对实时性要求较高的数据，系统具备快速接收并处理的能力，把接收到的实时数据经过规约解析后，按照业务要求应可以存储到实时数据库中，供系统其他模块调用。

（4）数据处理层包括实时数据库、维护数据库和史数据库。其中实时库用于存储对实时性要求较高的数据，通过数据在内存中的计算，提供实时计算、实时分析处理功能，并集成各通信协议的数据源，形成统一的访问实时数据接口，完成对实时数据的集中存储。维护数据库用于存储保证系统正常运行的配置数据及部分业务数据，为系统的正常运行提供保障。历史数据库用于存储系统的历史数据，通过历史数据库提供的查询接口，供数据分析使用。

（5）公共服务层集成了事务管理、配置管理、日志管理、权限管理、联动管理、对时管理、数据库接口、报表引擎、前置服务、消息总线等相关模块，用以支撑并完成各项业务应用层功能。

（6）业务应用层主要包括在线监测、消防、安全防范、环境监测、$SF_6$ 监测、照明控制、智能锁控等子系统业务的数据处理、运行监视、操作控制等应用，同时负责系统基本管理功能的应用。

（7）表现层主要负责系统人机交互，支持监视、操作、系统管理的用户侧应用，系统支持工作站客户端访问。

## 三、典型配置

### 1. 35～110kV 电压等级变电站配置

35～110kV 电压等级变电站辅助设备监控系统典型配置要求如下：

（1）配置辅助设备监控系统屏柜 1 台，可与视频监控系统屏柜共用。

（2）配置辅助设备监控主机 1 台，单机单网，部署在主控室辅助设备监控系统屏内。

（3）配置辅助设备监控工作站 1 台，部署在主控室。

（4）配置运检网关机 1 台，部署在主控室辅助设备监控系统屏内。

（5）配置纵向加密装置 1 台，部署在主控室辅助设备监控系统屏内。

（6）配置巡检机器人主机 1 台，部署在主控室。

（7）配置视频监控主机 1 台，部署在主控室辅助设备监控系统屏内。

（8）配置正向隔离装置 1 台，部署在主控室辅助设备监控系统屏内。

（9）视频监控子系统宜独立组网。

（10）配置消防专用传输单元 1 台，部署在火灾报警系统屏柜内。

（11）就地模块根据实际需要配置，主要部署在辅助汇控箱内。

**2．2220kV 及以上电压等级变电站配置**

220kV 及以上电压等级变电站辅助设备监控系统典型配置要求如下：

（1）配置辅助设备监控系统屏柜 1 台，视频监控系统屏柜 1 台，按需扩展。

（2）宜配置辅助设备监控系统主机 1 台，单机单网，具备条件地区，可采用双机双网配置，部署在主控室辅助设备监控系统屏内。

（3）配置辅助设备监控系统工作站 1 台，部署在主控室；500kV 及以上电压等级变电站工作站可双重化配置。

（4）配置运检网关机 1 台，部署在主控室辅助设备监控系统屏内。

（5）配置纵向加密装置 1 台，部署在主控室辅助设备监控系统屏内。

（6）配置巡检机器人主机 1 台，部署在主控室。

（7）配置视频监控主机 1 台，部署在主控室视频监控系统屏内。

（8）配置正向隔离装置 1 台，部署在主控室辅助设备监控系统屏内。

（9）视频监控子系统应独立组网。

（10）配置消防专用传输单元 1 台，部署在火灾报警系统屏柜内。

（11）就地模块根据实际需要配置，主要部署在辅助汇控箱内。

# 第四章　智慧变电站二次系统调试方法

智慧变电站二次系统调试方法，是通过对线保护、主变保护以及自动化设备的原理、功能、调试方法的介绍，为现场调试工作提供帮助，以期对智慧变电站的二次系统调试技术发展和改进起到借鉴作用。

## 第一节　继电保护装置调试方法

### 一、线路保护调试方法

#### （一）差动保护

以光纤分相电流差动保护为例，其保护构成如图 4-1 所示。借助于光纤通道，实时地向对侧传送电流数据，各侧保护利用本侧和对侧电流数据按相进行计算。

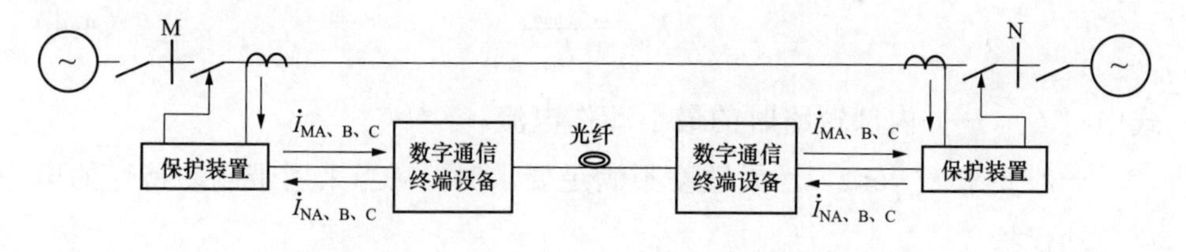


图 4-1　光纤电流差动保护的构成原理图

**1. 不带制动特性的电流差动保护**

对于线路 MN 而言，其线路差动电流为 $I_{\rm d}=|I_{\rm M}=I_{\rm N}|$，则保护的动作判据为：

$$I_{\rm d}=|\dot{I}_{\rm M}+\dot{I}_{\rm N}|\geqslant I_{\rm set} \tag{4-1}$$

为了确保正常运行和外部故障时，保护不会误动作，$I_{\rm set}$ 应按以下原则整定：

（1）躲过外部短路时的最大不平衡电流。

当正常运行或外部短路时，$I_d = |\dot{I}_M + \dot{I}_N| \neq 0$，这一不为零的电流称为不平衡电流，记为 $I_{unb}$。

$$I_{set} = K_{rel} I_{und.max} = K_{rel} K_{np} K_{er} K_{st} I_{k.max} \tag{4-2}$$

式中 $K_{rel}$ ——可靠系数，$K_{rel} = 1.2 \sim 1.3$；

$K_{np}$ ——非周期分量系数，一般取 1.5～2；

$K_{er}$ ——电流互感器的误差系数，$K_{er} = 10$；

$K_{st}$ ——电流互感器同型系数，当两侧电流互感器型号相同时，$K_{st} = 0.5$，当两侧电流互感器型号不同时，$K_{st} = 1$；

$I_{k.max}$ ——外部短路时最大短路电流的工频分量的二次值。

（2）躲过最大负荷电流。

考虑在最大负荷电流作用下，线路一侧的电流互感器二次回路断线时，保护不会误动作，即：

$$I_{set} = K_{rel} I_{L.max} \tag{4-3}$$

式中 $K_{rel}$ ——可靠系数，$K_{rel} = 1.2 \sim 1.3$；

$I_{L.max}$ ——最大负荷电流的二次值。

取以上两项计算中的最大值作为保护的整定值。并按照单侧电源线路发生内部短路时进行灵敏度校验，即：

$$K_{sen} = \frac{I_{r.min}}{I_{set}} \tag{4-4}$$

式中 $I_{r.min}$ ——内部短路时的最小动作电流。

一般要求 $K_{sen} \geqslant 2$。当灵敏度不满足要求时，应当采用带制动特性的电流差动保护。

**2. 具有制动特性的电流差动保护**

具有制动特性的电流差动保护的动作判据为：

$$\begin{cases} I_d \geqslant I_{op.0} \\ I_d \geqslant K I_{res} \end{cases} \tag{4-5}$$

式中 $I_{op.0}$ ——动作门槛，实际应用中一般不小于 0.1～0.2 倍的额定电流；

$K$ ——制动系数，取小于 1 的值；

$I_{res}$ ——制动电流，可选取 $I_{res} = |\dot{I}_M - \dot{I}_N|$。

电流差动保护的动作特性如图 4-2 所示。

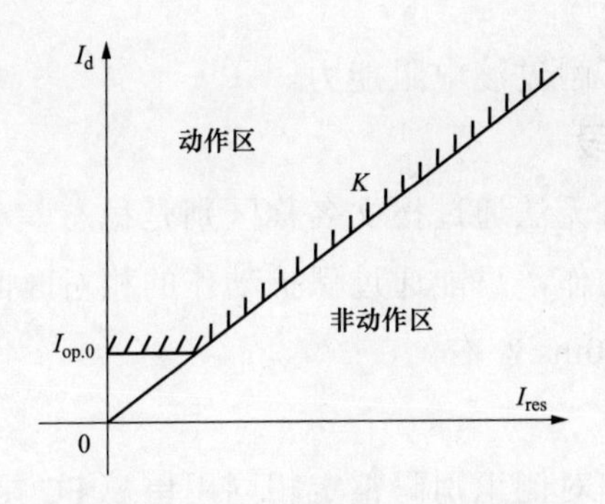


图 4-2　电流差动保护的动作特性

光纤电流差动保护的构成逻辑框图如图 4-3 所示。

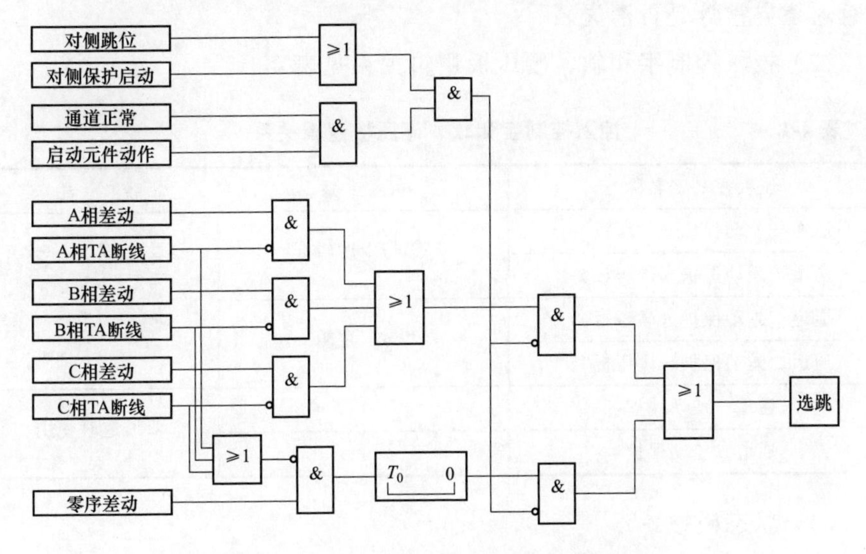


图 4-3　光纤电流差动保护构成逻辑框图

光纤电流差动保护装置中，差动保护通常配有稳态分相差动Ⅰ段保护、稳态分相差动Ⅱ段保护和零序差动保护。当线路区外发生严重故障时有很大的暂态不平衡电流，为了躲过这个不平衡电流，瞬时动作的稳态Ⅰ段门槛值通常设置的较高，区内发生严重故障时，稳态Ⅰ段可以快速动作切除故障。但如果区内发生轻微故障时，由于稳态Ⅰ段门槛值很高，灵敏度达不到，保护可能拒动，此时加上一个稳态Ⅱ段，稳态Ⅱ段门槛值较低，区内轻微故障可以由稳态Ⅱ段灵敏动作。同样，稳态Ⅱ段为了躲过区外严重故障时的暂态不平衡电流，其动作时要加一个 40ms 延时。而零序电流差动保护主要反应线路经高阻接地的情况，零序电流差动大大提高了整个装置的灵敏度，增强了耐过渡电阻能力。

**3. 稳态差动Ⅰ段**

差动保护动作时无法通过报文名称区别是稳态差动Ⅰ段、稳态差动Ⅱ段和零序差动保护动作，只能通过保护动作的相对时间来判别。稳态差动Ⅰ段动作时间应在20ms左右。

（1）通道自环。

将本侧识别码和对侧识别码整定相同用单模FC尾纤连接光发（TX）与光收（RX）。连接时注意将FC连接头上的凸台和砝琅盘上的缺口对齐，然后旋转FC连接头半圈，轻按FC连接头，如弹性良好再旋紧FC连接头。检查通道异常灯是否消失。

（2）投入控制字和软、硬压板逻辑关系见表4-1。

**表4-1　　控入控制字和软、硬压板逻辑关系**

| 压板控制字名称 | 关　系 | 备　注 |
| --- | --- | --- |
| 通道一差动保护（软压板） | “与”逻辑 | |
| 通道一差动保护（硬压板） | | |
| 通道二差动保护（软压板） | “与”逻辑 | |
| 通道二差动保护（硬压板） | | |
| 通道一差动保护 | 1 | 双通道时使用 |
| 通道二差动保护 | 1 | |

（3）状态模拟。

1）正常状态。模拟三相正常电压空载运行（无负荷电流），状态持续时间17s，TV断线恢复，重合闸充电完成。

2）故障状态。计算差动Ⅰ段电流门槛 $I_H$，故障电流 $I=m\times0.5\times I_H$，$m=1.05$ 时动作，0.95时不动作。

（4）动作报告。

核对动作报告的相关信息，检查保护动作行为是否符合预期。

（5）注意事项。

1）核实试验项目的故障相别。

2）通道自环后所加电流为计算电流的一半，确认故障电流能否满足启动元件动作条件。

3）故障前不模拟电容电流（故障前无差流）。

4）故障前时间应大于重合闸充电时间（建议取 17s）。

5）故障时间不大于 150ms（建议取 100ms）。

**4. 稳态差动Ⅱ段**

稳态差动Ⅱ段经 25ms 延时动作，因此动作时间应在 40ms 左右。

（1）通道自环。

将本侧识别码和对侧识别码整定相同，用单模 FC 尾纤连接光发（TX）与光收（RX）。连接时注意将 FC 连接头上的凸台和砝琅盘上的缺口对齐，然后旋转 FC 连接头半圈，轻按 FC 连接头，如弹性良好再旋紧 FC 连接头。检查通道异常灯是否消失。

（2）投入控制字和软、硬压板逻辑关系同稳态差动Ⅰ段。

（3）状态模拟。

1）正常状态。模拟三相正常电压空载运行（无负荷电流），状态持续时间 17s，TV 断线恢复，重合闸充电完成。

2）故障状态。计算差动Ⅱ段电流门槛 $I_M$，故障电流 $I = m \times 0.5 \times I_M$，$m = 1.05$ 时动作，0.95 时不动作。

（4）动作报告。

核对动作报告的相关信息，检查保护动作行为是否符合预期。

（5）注意事项。

1）核实试验项目的故障相别。

2）通道自环后所加电流为计算电流的一半，确认故障电流能否满足启动元件动作条件。

3）故障前不模拟电容电流（故障前无差流）。

4）故障前时间应大于重合闸充电时间（建议取 17s）。

5）故障时间不大于 150ms（建议取 100ms）。

**5. 零序差动保护**

零序差动经 40ms 延时动作，因此动作时间应在 60ms 左右。

（1）通道自环。

将本侧识别码和对侧识别码整定相同用单模 FC 尾纤连接光发（TX）与光收（RX）。连接时注意将 FC 连接头上的凸台和砝琅盘上的缺口对齐，然后旋转 FC 连接头半圈，轻按 FC 连接头，如弹性良好再旋紧 FC 连接头。

检查通道异常灯是否消失。

（2）投入控制字和软、硬压板逻辑关系同稳态差动Ⅰ段。

（3）状态模拟。

1）正常状态。模拟三相正常电压空载运行（有电容电流），三相对称的电压和电流（$I=0.75\times0.5\times I_{cd}$），状态持续时间24s，等待TV断线恢复和重合闸充电完成。$I_{cd}$为差动电流定值。

2）故障状态。计算零差保护的电流门槛 $I_L$，故障电流 $I=m\times0.5\times$ ICD，$m=1.05$ 时动作，0.95时不动作。

（4）动作报告。

核对动作报告的相关信息，检查保护动作行为是否符合预期。

（5）电流说明。

故障前的电流 $I_c$（实测电容电流）应合理给定，使稳态差动Ⅱ段 $I_M$ 和零差 $I_L$ 的动作值不同。正常运行时差流达到0.8倍差动电流定值 $I_{CD}$ 时，满足“长期有差流”报警条件（等效TA断线），因此要求 $I_c<0.8I_{CD}$（即 $1.25\times I_c<I_{CD}$），则 $I_L$ 必然取 $I_{CD}$。为使差动Ⅱ段按照 $1.5I_c$ 动作，则 $1.5I_c>I_{CD}$，即要求：$0.67I_{CD}<I_C<0.8I_{CD}$。

因此故障前 $I_C$ 可取 $0.75I_{CD}$，故障态的故障电流 $I=m\times0.5\times I_L$，1.05倍零差保护动作，0.95倍零差保护不动作。

（6）注意事项。

1）核实试验项目的故障相别。

2）通道自环后所加电流为计算电流的一半，确认故障电流能否满足启动元件动作条件。

3）故障前模拟电容电流（差流）时，应三相对称（正序）。

4）故障前时间应大于重合闸充电时间＋保护启动时间（建议取24s）。

5）故障时间不大于150ms（建议取100ms）。

### （二）距离保护

#### 1. 距离保护原理

保护装置引入来自电压互感器的二次电压，以及来自电流互感器的二次电流，如图4-4所示。距离保护通过测量短路回路的电压和电流，计算故障点到保护安装处的阻抗，从而确定故障点到保护安装处的距离，并根据距离远近确定动作时间。

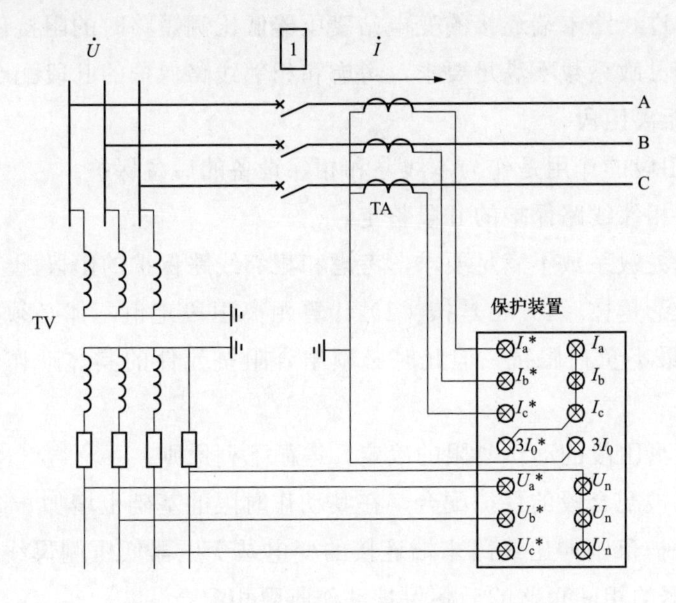


图 4-4　保护装置的交流回路接线示意图

设电压互感器的变比为 $n_{TV}$，电流互感器的变比为 $n_{TA}$，引入保护装置的电压为 $\dot{U}_m$，引入保护装置的电流为 $\dot{I}_m$，计算阻抗也称为测量阻抗：

$$Z_m=\frac{\dot{U}_m}{\dot{I}_m}=\frac{\dot{U}/n_{TV}}{\dot{I}/n_{TA}}=Z\frac{n_{TA}}{n_{TV}} \tag{4-6}$$

式中　$\dot{U}$、$\dot{I}$——一次侧的电压和电流，

$Z$——测量阻抗 $Z_m$ 对应的一次阻抗值。

为了兼顾快速性和选择性，距离保护的构成仍然采用分段的方式。距离保护的Ⅰ段（无人为延时）不能保护线路全长；距离保护Ⅱ段和相邻线路保护的Ⅰ段配合，要求能够保护线路全长，当不满足灵敏系数要求时，考虑和相邻线路保护的Ⅱ段配合，但动作时限应比被配合段的保护动作时限高一个$\Delta t$；距离保护Ⅲ段作为本线路和相邻元件的后备保护，动作时限和灵敏度是逐级配合的。

（1）距离Ⅰ段。

一般按躲开线路末端短路的原则整定。距离Ⅰ段为瞬动段，不附加人为延时。

（2）距离Ⅱ段。

1）与相邻线路保护 1 的Ⅰ段配合整定。

2）躲过线路末端连接的变电站变压器低压侧短路时的阻抗值。

3）若灵敏系数不满足要求，考虑和相邻线路保护的Ⅱ段配合。

（3）距离Ⅲ段。

距离Ⅲ段的作用是作为本线路和相邻设备的后备保护。

1）与相邻线路保护的Ⅱ段整定。

2）若灵敏系数不满足要求，考虑和相邻线路保护的Ⅲ段配合。

3）无论是按（1）还是按（2）计算距离Ⅲ段定值，都必须躲过正常运行时的最小负荷阻抗，但此时必须结合阻抗元件的具体动作特性进行计算。

4）距离Ⅲ段的动作时限的确定，遵循下列原则：

a．与被配合段的保护配合，在其动作时限的基础上增加一个$\Delta t$。

b．保护范围伸出线路末端连接的变电站变压器低压侧母线时，要考虑和变压器的相间短路的后备保护动作时限相配合。

c．当不经振荡闭锁控制时，其动作时延应大于可能最长的振荡周期。

**2．接地距离保护**

（1）投入距离保护控制字和软、硬压板。

投入距离保护Ⅰ、Ⅱ和Ⅲ段控制字，投入距离保护软、硬压板。

（2）状态模拟。

1）正常状态。模拟三相正常电压空载运行（无负荷电流），持续时间 27s，TV 断线恢复，重合闸充电完成。

2）故障状态。模拟正方向故障，0.95 倍阻抗可靠动作，1.05 倍阻抗和反方向故障可靠不动作。根据延时定值设置状态持续时间（定值延时＋100ms）。

（3）动作报告。

核对动作报告的相关信息，检查保护动作行为是否符合预期。

（4）故障电流和故障电压计算。

1）根据公式 $U_{\phi}=m(1+K)I_{\phi}Z_{zd\phi}$，分别计算 0.95、1.05 倍阻抗定值下的电压、电流值。

2）阻抗角一般设置为正序灵敏角（若正序灵敏角与零序灵敏角相差 5°以上，则取两者的平均值）。

3）零序补偿系数应取幅值和相角选项，幅值输入装置定值，相角固定整定为 0。

（5）注意事项。

1）施加幅值不同的三相电流电压，检查试验接线，防止交流回路异常。

2）故障持续时间不能过长，防止单跳失败三跳。

3）TV 断线时，距离保护自动退出。

4）重合闸未充电导致保护未能选相跳闸。

**3. 相间距离保护**

（1）投入距离保护控制字和软、硬压板。

投入距离保护Ⅰ、Ⅱ和Ⅲ段控制字，投入距离保护软、硬压板。

（2）状态模拟。

1）正常状态。模拟三相正常电压空载运行（无负荷电流），持续时间 27s，TV 断线恢复，重合闸充电完成。

2）故障状态。模拟正方向故障，0.95 倍阻抗可靠动作，1.05 倍阻抗和反方向故障可靠不动作。根据延时定值设置状态持续时间（定值延时＋100ms）。

（3）动作报告。

核对动作报告的相关信息，检查保护动作行为是否符合预期。

（4）故障电流和故障电压计算。

根据 $U_{\phi\phi}=mI_{\phi\phi}Z_{\mathrm{zd}\phi\phi}$，分别计算 0.95、1.05 倍阻抗定值下的电压、电流值；阻抗角设置为正序灵敏角。

（5）标准的相间故障手动算法。

AB 相间故障时的矢量图如图 4-5 所示。

AB 相间故障时，UC 其维持不变，故障电流为 5A。则 $U_{\mathrm{AB}}=0.95\times2\Omega\times2\times5\mathrm{A}=19\mathrm{V}$。

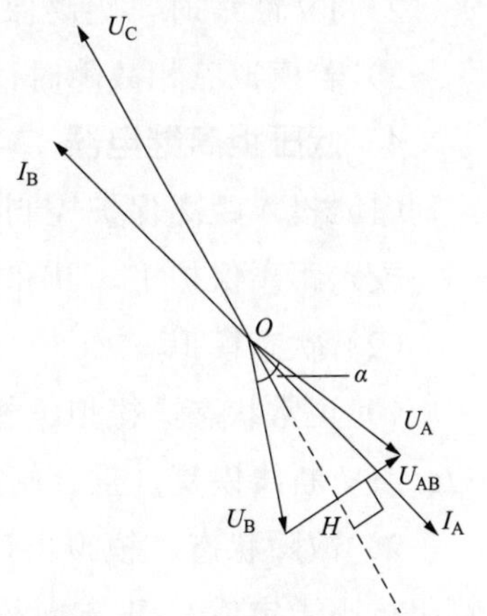

图 4-5　AB 相间故障矢量图

系统无零序电压，即 $\dot{U}_{\mathrm{A}}+\dot{U}_{\mathrm{B}}=\dot{U}_{\mathrm{C}}$。$\dot{U}_{\mathrm{A}}$、$\dot{U}_{\mathrm{B}}$和$\dot{U}_{\mathrm{AB}}$ 构成等腰三角形，则

$$U_{\mathrm{A}}=\sqrt{\mathrm{OH}^2+\left(\frac{1}{2}U_{\mathrm{AB}}\right)^2}=\frac{1}{2}\sqrt{U_{\mathrm{C}}^2+U_{\mathrm{AB}}^2}=30.393\mathrm{V}。$$

$\tan\left(\frac{\alpha}{2}\right)=\frac{U_{AB}}{U_C}$，则 $\alpha/2=18.21°$。

令 $U_C$ 为 120°，则 $U_A$ 为 120－180＋18.21＝－41.79°，$U_B$＝120°－180°－18.21°＝78.21°。

$U_{AB}$＝120°－90°＝30°，设正序灵敏角为 75°（即 $I_A$ 落后 $U_{AB}$ 的角度为 75°），则 $I_A$＝30°－75°＝－45°，$I_B$＝－45°＋180°＝135°。

（6）不标准的相间故障手动算法 1（有零序电压）。

计算结果有零序电压无零序电流（与系统故障不符），但计算方法比较简单。AB 相间故障时，故障电流为 5A，线电压 $U_{AB}$＝0.95×2Ω×2×5A＝19V。强制两个故障相电压之间的相角差为 60°，则 $U_A$＝$U_B$＝19V，$\angle U_A$＝120°－150°＝－30°，$\angle U_B$＝120°＋150°＝270°。

$I_A$、$I_B$ 的角度计算同方法 1。

$\angle U_{AB}$＝120°－90°＝30°，设正序灵敏角为 75°（即 $I_A$ 落后 $U_{AB}$ 的角度角度为 75°），则$\angle I_A$＝30°－75°＝－45°，$\angle I_B$＝－45°＋180°＝135°。

（7）注意事项。

1）施加幅值不同的三相电流电压，检查试验接线，防止交流回路异常。

2）TV 断线时，距离保护自动退出。

3）若模拟三相故障时，应防止进入低电压程序。

**4. 低压距离继电器**

（1）投入距离保护控制字和软、硬压板。

投入距离保护Ⅰ、Ⅱ和Ⅲ段控制字，投入距离保护软、硬压板。

（2）状态模拟。

1）正常状态。模拟三相正常电压空载运行（无负荷电流），持续时间 27s，TV 断线恢复，重合闸充电完成。

2）故障状态。模拟出口处三相短路故障（三相电压低于 10%，且计算阻抗小于定值），正方向故障可靠动作。反方向故障时，除了距离Ⅲ段外应可靠不动作。根据延时定值设置状态持续时间（定值延时＋100ms）。

（3）动作报告。

核对动作报告的相关信息，检查保护动作行为是否符合预期。

（4）注意事项。

1）施加幅值不同的三相电流电压，检查试验接线，防止交流回路异常。

2）TV 断线时，距离保护自动退出。

3）反方向出口处三相短路，距离Ⅲ段会动作。

**5. 振荡闭锁**

当系统振荡（含全相振荡和非全相振荡）时，电动势间夹角 $\delta$ 可能在 0°～360°变化，距离保护的测量阻抗都作周期性变化，距离保护可能误动。距离Ⅲ段延时较长不经振荡闭锁元件。

具有振荡闭锁元件的距离保护构成简化逻辑框图如图 4-6 所示。

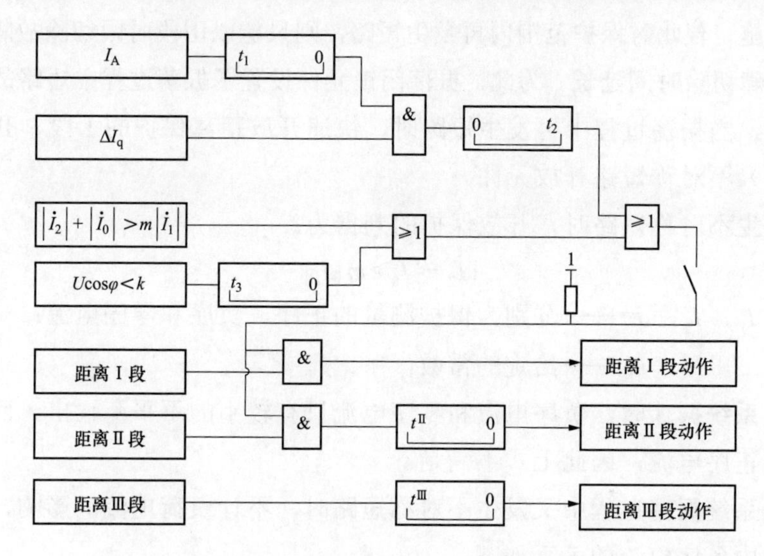


图 4-6　距离保护构成简化原理框图

（1）短时开放回路。

$\Delta I_q$ 为保护起动元件，$I_A$ 为静稳破坏检测的电流元件。当保护起动元件动作，而电流元件尚未动作或动作不到 $t_1$ 时间，则开放振荡闭锁回路 $t_2$ 时间，短时开放距离保护Ⅰ段、Ⅱ段，用于判定故障并动作于跳闸。

保护起动元件可以利用相或相间电流突变量原理构成，也可以利用负序电流及零序电流或它们的突变量构成。要求保护起动元件应有较高的灵敏性和较快的动作速度。

静稳破坏检测元件利用系统振荡时电流的增大而构成，其动作值应按躲过最大负荷电流整定。

为了防止系统发生短路时由于电流的增大而导致静稳破坏电流检测元

件可能误闭锁保护，增加一延时 $t_1$，确保保护起动元件可靠开放保护，$t_1$ 通常取 10ms。

$t_2$ 被称为振荡闭锁开放时间，一般取 160ms，其选取要考虑两个因素：①在保护范围内发生短路时，要确保距离Ⅰ段有足够的时间可靠跳闸及距离Ⅱ段可靠启动并实现自保持，因而时间不能太短，一般不小于 0.1s；②要保证外部故障引起系统振荡时，测量阻抗在 $t_2$ 时间内不会进入阻抗Ⅱ段动作区，因而时间又不能取得太长，一般不大于 0.3s。

当系统振荡或外部故障而导致距离保护Ⅰ段、Ⅱ段被闭锁后，如没有其他措施，若此时保护范围内再发生短路，则只能以Ⅲ段时限切除故障，将导致故障切除时间延长。为此，振荡闭锁元件设置了振荡过程中短路故障识别回路，当振荡过程中再发生短路时，快速开放距离保护的Ⅰ段、Ⅱ段。

（2）不对称短路开放元件。

发生不对称短路时，开放保护的判据为：

$$|\dot{I}_2+|\dot{I}_0>m|\dot{I}_1| \tag{4-7}$$

式中 $I_1$、$I_2$、$I_0$ ——分别为保护测量的正序、负序和零序电流；

$m$ ——给定的常数。

当系统振荡时，负序电流和零序电流只有较小的不平衡输出，而存在较大的正序电流，因此上式不满足。

当系统振荡过程中又发生不对称短路时，不计负荷电流的影响，在故障支路中各序电流的关系如下：

单相接地故障：

$$\dot{I}_1=\dot{I}_2=\dot{I}_0，|\dot{I}_2|+|\dot{I}_0|=2|\dot{I}_1| \tag{4-8}$$

两相短路故障：

$$\dot{I}_1=-\dot{I}_2、\dot{I}_0=0、|\dot{I}_2|+|\dot{I}_0|=|\dot{I}_1| \tag{4-9}$$

两相接地短路故障：

$$\dot{I}_2+\dot{I}_0=\dot{I}_1，|\dot{I}_2|+|\dot{I}_0|=|\dot{I}_1| \tag{4-10}$$

对于安装在某一侧的距离保护，其测量到的各序电流分量是故障支路电流乘以电流分配系数后的值，即 $c_1\dot{I}_1$、$c_2\dot{I}_2$、$c_0\dot{I}_0$。

（3）对称短路开放元件。

当系统振荡过程中伴随发生三相短路时，由于负序和零序电流为零，

而仅有正序电流，故式$|\dot{I}_2|+|\dot{I}_0|>m|\dot{I}_1|$不满足。对于三相短路，开放保护的判据为：

$$U\cos\varphi < k \tag{4-11}$$

式中　$U$——保护测量的电压值；

$\varphi$——电压超前电流的相位角；

$k$——给定的门槛值。

忽略系统各元件的电阻分量时，当发生三相短路时，考虑三相短路时的电弧电阻，$U\cos\varphi$实际为电弧电阻上的压降，一般其以额定电压为基准的标幺值在0.02～0.05。所以可取$k=0.06$，满足式$U\cos\varphi<k$时判断为三相短路，开放保护。

当线路阻抗角较小，而不能忽略电阻分量时，可采用补偿的方法，此时，判断三相短路的判据为：

$$U\cos(\varphi+90°-\varphi_L) < k \tag{4-12}$$

式中　$\varphi_L$——线路的阻抗角。

式（4-12）的意义用图4-7所示的向量图表示，$U\cos(\varphi+90°-\varphi_L)$更接近电弧上的电压降。

当系统振荡时，$U\cos\varphi$为振荡中心的电压，而振荡中心的电压是一个随$\delta$变化而变化的量。如图4-8所示，假定$\dot{E}_M=\dot{E}_N$，不难得出，当$\delta$从130°～180°的范围内变化时，式$U\cos\varphi<k$得到满足。按最大振荡周期为3s考虑，满足式$U\cos\varphi<k$的时间为116ms。因此，必须在连续满足三相短路判据一定时间后，才能开放保护，因而，保护的动作带有一定的延时，即图4-6中所示的$t_3$。

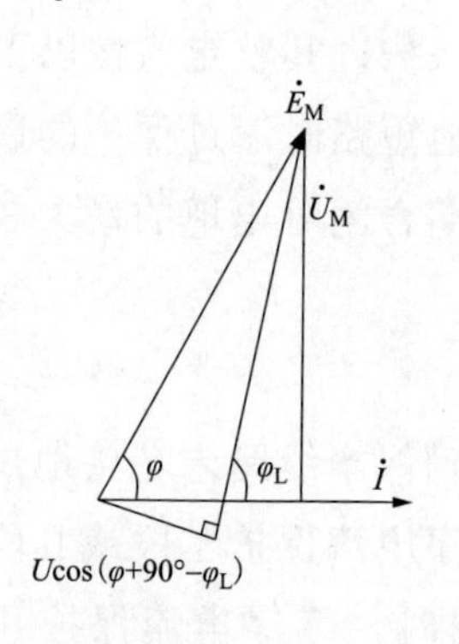


图4-7　三相短路时的电压向量图

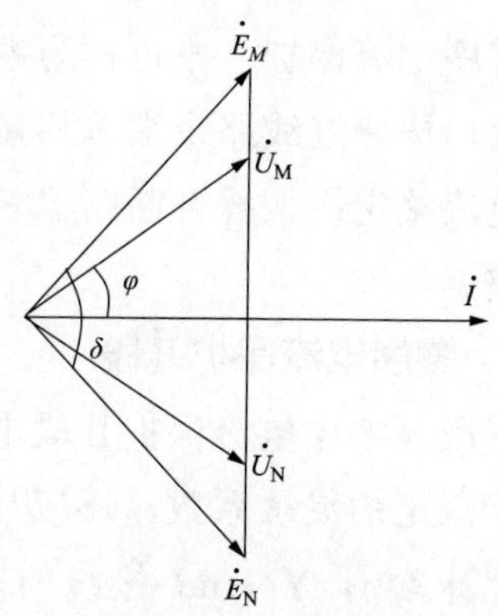


图4-8　系统振荡时的电压向量图

振荡闭锁开放元件，由以下四部分组成。

（1）保护起动时正序电流开放元件。

起动元件开放瞬间，若按躲过最大负荷整定的正序过流元件不动作或动作时间尚不到10ms，则将振荡闭锁开放160ms。

（2）不对称故障开放元件。

$$|I_0|+|I_2|>m|I_1|$$

（3）对称故障开放元件。

$$U_{os}=U\cos\varphi$$

$0.03U_N<U<0.08U_N$，延时150ms开放。

$0.1U_N<U<0.25U_N$，延时500ms开放。

（4）非全相运行时的振荡闭锁判据。

非全相振荡时，距离继电器可能动作，但选相区为跳开相。非全相再单相故障时，距离继电器动作的同时选相区进入故障相，因此，可以以选相区不在跳开相作为开放条件。另外，非全相运行时，测量非故障两相电流之差的工频变化量，当该电流突然增大达一定幅值时开放非全相运行振荡闭锁，因而非全相运行发生相间故障时能快速开放。

### （三）零序保护

在零序电流保护的配置上，110kV单侧电源线路的零序电流保护一般为三段式，终端线路也可以采用两段式；对于双侧电源的线路，零序电流保护一般为四段式或三段式保护。在使用了阶段式接地距离保护的复杂电网中，零序电流保护宜适当简化。

#### 1. 零序电流保护Ⅰ段

零序电流保护Ⅰ段也称为零序电流速断保护，其整定值按以下两个条件整定。按躲过线路末端单相接地或两相接地短路时流过保护的最大3倍零序电流整定；按躲开断路器三相触头不同期合闸时出现的最大3倍零序电流整定。

#### 2. 零序电流保护Ⅱ段

三段式零序电流保护Ⅱ段电流定值，应确保本线路末端接地短路时有不小于规定的灵敏系数，还应与相邻线路零序电流保护Ⅰ段或Ⅱ段配合，当线路末端有 YNynd 接线的三绕组变压器时，零序电流保护Ⅱ段的保护范围一般不应伸出线路末端变压器另一个中性点接地侧（220kV或

330kV 侧）母线，动作时间按配合关系整定。

### 3. 零序电流保护Ⅲ段

三段式保护的零序电流保护的Ⅲ段是作为本线路经电阻接地故障和相邻元件接地故障的后备保护，其电流一次定值不应大于 300A，也称为零序过电流保护。在躲过本线路末端变压器其他各侧三相短路最大不平衡电流的前提下，力争在相邻线路末端接地故障时有足够的灵敏度，并校核与相邻线路零序电流保护Ⅱ段或Ⅲ段的配合情况，动作时间按配合关系整定。

具有方向性的三段式零序电流保护的逻辑框图如图 4-9 所示。只有当方向元件和电流元件同时动作后，才能分别去启动出口中间继电器或各自的时间继电器。

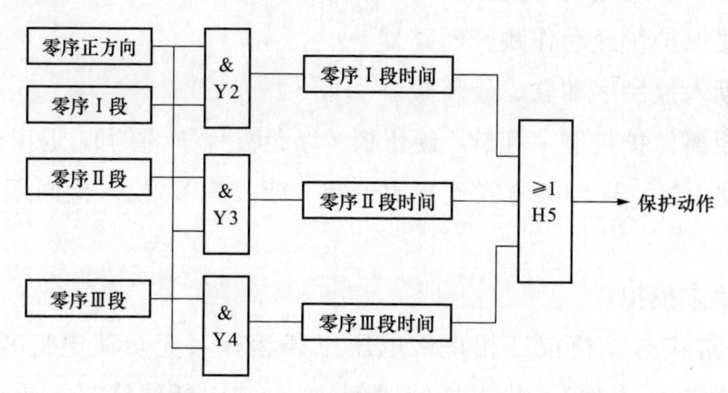


图 4-9　三段式零序方向电流保护的逻辑框图

（1）投入控制字和软、硬压板。

投入零序保护Ⅰ段、Ⅱ段和Ⅲ段控制字、投入零序保护软、硬压板。

（2）状态模拟。

1）正常状态。模拟三相正常电压空载运行（无负荷电流），状态持续时间 27s，TV 断线恢复，重合闸充电完成。

2）故障状态。模拟正方向故障，1.05 倍应可靠动作，0.95 倍可靠不动；模拟反方向故障，可靠不动作。

根据 0.95、1.05 倍零序电流定值，按假定阻抗计算故障相电压 $[U=m(1+K)IZ_{zd\phi}]$ 或故障相电压固定取 30V；根据零序电流超前零序电压 102° 设置电压、电流角度；根据延时定值设置状态持续时间（定值延时＋100ms）。

（3）动作报告。

核对动作报告的相关信息，检查保护动作行为是否符合预期。

（4）注意事项。

1）进行零序保护校验时，必须有外接零序电流（取幅值）和自产零序电流。

2）注意 TV 断线和 TA 断线，防止断线影响零序保护的试验。

3）非全相运行时，将其他零序过流保护段退出，保留最后一段零序过流不经方向元件控制。

**（四）重合闸**

当继电保护动作将线路两侧的断路器跳开后，由于没有电源提供短路电流，等到足够的去游离时间后，空气可以恢复绝缘水平。输电线路一般配置重合闸，而发电机、变压器、母线不配置重合闸。当重合于永久性故障时，需要保护快速动作跳开断路器。

（1）投入控制字和软、硬压板。

投入距离保护控制字和软、硬压板（以距离保护为例），退出闭锁重合闸的软、硬压板。重合闸方式设置为单重（或三重），投入检同期、检无压功能。

（2）状态模拟。

1）正常状态。模拟三相正常电压空载运行（无负荷电流），同期电压正常（单重可不加），状态持续时间 27s，TV 断线恢复，重合闸充电完成。

2）故障状态。模拟 A 相正方向故障，距离Ⅰ段动作，状态持续时间 100ms。

3）单重方式重合态。单重方式为不检重合，可以不加电压，持续时间为单重时间＋100ms。

4）三重方式检同期重合态。三重方式检同期，保护电压正常，分别模拟同期电压与故障前的角差小于同期合闸角，持续时间为三重时间＋100ms。

5）三重方式检无压重合态。三重方式检无压，保护电压正常，模拟同期电压小于 30V，持续时间为三重时间＋100ms。模拟同期电压大于 30V 重合闸不动作时，持续时间设为 25s。

（3）动作报告。

核对动作报告的相关信息，检查保护动作行为是否符合预期。

（4）注意事项。

1）单重与检同期、检无压定值无关，因为两侧系统未断开，必然是不检重合。

2）进行检无压试验时，第一个正常态必须加同期电压，防止同期电压断线。

3）保护记忆故障前的同期电压与保护电压A相的角差$\varphi$，重合时，两者的相位在“固定角差$\varphi\pm$同期合闸角”以内，检同期可以重合。

4）220kV及以上的线路保护901、902和931，重合闸整组时间为15s。

## （五）非全相运行

### 1. 重合后加速

（1）投入控制字和软、硬压板。

投入距离保护控制字、投入距离保护软、硬压板；重合闸为单重方式。

（2）状态模拟。

1）正常状态。模拟三相正常电压空载运行（无负荷电流），状态持续时间27s，TV断线恢复，重合闸充电完成（投单重）。

2）故障状态。模拟正方向单相故障，距离保护选相跳闸，状态持续时间（延时＋100ms）。

3）重合状态。模拟故障被切除，三相电压恢复正常，重合成功，状态持续时间（单重延时＋100ms）。

4）加速状态。模拟重合于故障（阻抗在距离II段范围内），距离加速元件动作三跳，状态持续时间（100ms）。模拟重合于故障（零序电流大于零序加速定值），零序加速元件动作三跳，状态持续时间（150ms）。

（3）动作报告。

核对动作报告的相关信息，检查保护动作行为是否符合预期。

### 2. 手合加速

（1）投入控制字和软、硬压板。

投入距离保护控制字、投入距离保护软、硬压板；重合闸为单重方式。

（2）状态模拟。

1）正常状态。模拟断路器在分位（TWJ＝1），三相电压正常，状态持续时间 27s，TV 断线恢复，重合闸充电完成（投单重）。

2）故障状态（加速状态）。模拟手合于故障线路（阻抗在距离Ⅲ段范围内），距离加速元件动作三跳，状态持续时间（100ms）。

3）模拟手合于故障线路（零序电流大于零序加速定值），零序加速元件动作三跳，状态持续时间（150ms）。

（3）动作报告。

核对动作报告的相关信息，检查保护动作行为是否符合预期。

（4）注意事项。

1）加速元件延时＝加速元件动作相对时间－进入加速状态的相对时间。

2）跳闸固定与加速逻辑。进入加速逻辑与本保护的重合闸是否动作无关。主要看跳闸固定相，TWJ 是否从 1 变 0，或者对应相的电流从无流到有流。

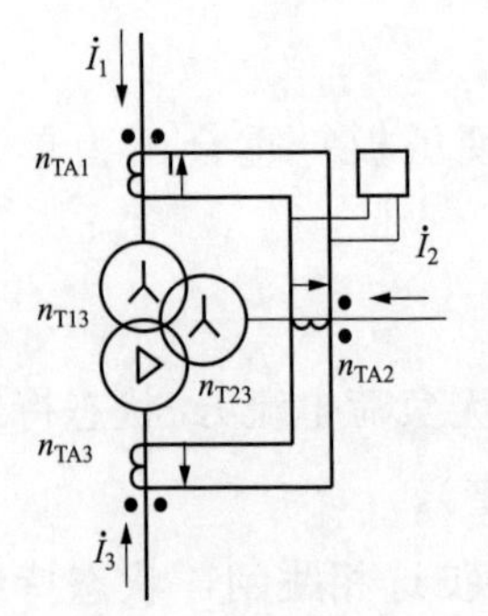

图 4-10　三绕组变压器差动保护单相原理接线

## 二、主变压器保护调试方法

### （一）纵联差动

图 4-10 为三绕组变压器差动保护的单相原理接线。

在正常运行时，三侧电流关系需满足：

$$\left.\begin{aligned}&\frac{\dot{I}_3}{n_{TA3}}+\frac{\sqrt{3}\dot{I}_2}{n_{TA2}}+\frac{\sqrt{3}\dot{I}_1}{n_{TA1}}=0\\&\frac{n_{TA3}}{n_{TA1}}=\frac{1}{\sqrt{3}}n_{T13}(I_2=0)\\&\frac{n_{TA3}}{n_{TA2}}=\frac{1}{\sqrt{3}}n_{T23}(I_1=0)\end{aligned}\right\}\tag{4-13}$$

正常运行或外部故障时，变压器差动保护不动作。

#### 1．计算二次额定电流

根据变压器的相关参数计算各侧额定电流，或者从菜单中抄下各侧额定电流，见表 4-2。

表 4-2　　　　　　　　　　**各侧电流参数设定**

| 名　称 | 高压侧 | 中压侧 | 低压侧 |
|---|---|---|---|
| 主变压器高中压侧额定容量 | 180MVA | | |
| 主变压器低压侧额定容量 | | | 50MVA |
| 接线方式钟点数 | — | 0（12） | 11 |
| 额定电压 | 220 | 115 | 10.5 |
| TA 一次值 | 1200 | 1250 | 8000 |
| TA 二次值 | 5 | 5 | 5 |

**2．投入主保护功能**

投入“主保护”软硬压板，检查“差动保护”的跳闸矩阵。

**3．差动启动定值试验**

Y 侧加入大小相等、相位相反的两相电流（保护零序电流为 0）。

Y 侧加入一相电流，由于减零序的原因，差流缩小了 1.5 倍，因此试验仪输出的电流要放大 1.5 倍。

△侧加入一相电流，由于转角的影响，差流缩小了 3，因此试验仪输出的电流要放大 3 倍。

在单侧输入电流时，由于差动方程起始段的斜率为 0.2，因此当差流达到 10/9 的差动启动定值时，比率差动保护才会动作。

**4．比率差动试验**

（1）高压侧和低压侧试验（以 Y/Y0/d11 为例）。

选取某个差流/制动电流值，根据比率差动方程计算出高压侧和低压侧所加电流标幺值，再转为有名值（△侧需再乘 3）。

在高压侧输入 A、B 相电流，大小相等，相位为 0°、180°；在低压侧加入 A 相电流，相位为 180°。

若固定标幺值小的一侧的电流，则逐步增大标幺值大的一侧电流，直到差动保护动作。若固定标幺值大的一侧的电流，则逐步减小标幺值小的一侧电流，直到差动保护动作（高压侧电流两相电流需同时逐步变化，如果试验仪无法实现，可以在试验仪加一相电流，通过外部接线即从高压侧的 A 相进、B 相流回试验仪，高压侧的 N 相悬浮，保证高压侧 A、B 相电流大小相等，方向相反）。

根据试验得到的两组数据，再转为标幺值，求出两组差动电流和制动电流 $I_{c1}$、$I_{c2}$ 和制动电流 $I_{r1}$、$I_{r2}$，计算得出系数：

$$k=\frac{I_{c1}-I_{c2}}{I_{r1}-I_{r2}} \tag{4-14}$$

（2）高压侧和中压侧试验（以 Y/Y0/d11 为例）。

试验仪输出一相电流，通过外部接线即从高压侧的 A 相进、B 相流回试验仪，高压侧的 N 相悬浮，保证高压侧 A、B 相电流大小相等，方向相反。同理输出另一相电流至中压侧。

**（二）分侧差动**

首先根据实际 TA 变比计算出分差差动的平衡系数。

分侧差调整后电流＝实际电流×平衡系数。

高压侧、中压侧电流从 A 相极性端进入，相角为 180°，调整后电流大小相同，装置应无分侧（零序）差流。

如高压侧加入 1A，中压侧加入 0.5A，相角 180°，装置应无差流。

若分侧差起动定值单位为 $I_e$，固定以高压侧为基准，装置内部分侧差动计算均以 $I_n$ 为单位，因此需先对起动值进行折算。折算方法为：

分侧起动值($I_n$)＝整定值（$I_e$）×高压侧纵差额定电流/TA 二次额定值

如整定值为 $0.6I_e$，高压侧额定电流为 0.5A，则分侧差起动电流为：0.6×0.5/1＝$0.30I_n$

试验过程中，高中侧分侧差流平衡后，逐渐抬高高压侧电流到分侧差动动作。

**（三）零序差动**

零差的试验方法参考分侧差动的试验方法。

**（四）低压侧小区差动**

在套管电流加入 A、B 相大小、相位相同的电流。此时套管调整电流为：

$$\begin{aligned}\dot{I}_a'&=0\\ \dot{I}_b'&=-\dot{I}\\ \dot{I}_c'&=\dot{I}\end{aligned} \tag{4-15}$$

在开关的 B 相加和套管同相位电流，C 相加和套管反相位电流，调整后大小相同（若二者 TA 变比相同，则开关、套管所加电流大小相同），此时应无差流。

小区差起动值固定为 $0.5I_n$（早期有版本固定为 $0.3I_n$），比率制动系数为 0.5，其他实验方法参考分侧差动。

### （五）阻抗保护

相间阻抗保护和接地阻抗保护主要作为变压器相间及接地故障的后备保护，在 330kV 及以上的变压器保护中配置较多。阻抗元件的动作特性如图 4-11 所示，阻抗元件灵敏角为 75°（有的版本为 80°，具体值以说明书为准）。

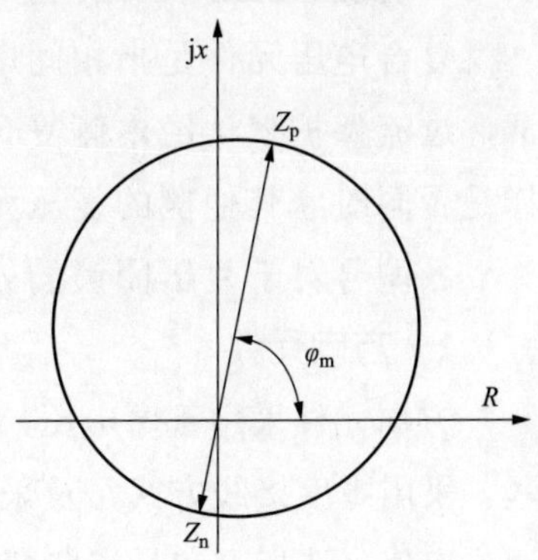

图 4-11　阻抗元件动作特性

图 4-11 中 $Z_p$ 和 $Z_n$ 可以在定值中自由整定，通过不同的整定值组合，可以控制其特性为方向阻抗圆、偏移阻抗圆或者全阻抗圆。

相间阻抗元件的比相方程为：

$$90° < \arg\left(\frac{\dot{U}-\dot{I}Z_p}{\dot{U}+\dot{I}Z_n}\right) < 270° \tag{4-16}$$

接地阻抗元件的比相方程为：

$$90° < \arg\frac{\dot{U}_\phi-(\dot{I}_\phi+k3I_0)Z_P}{\dot{U}_\phi+(\dot{I}_\phi+k3I_0)Z_n} < 270° \tag{4-17}$$

阻抗保护的起动元件采用相间电流工频变化量起动和负序电流起动，起动元件起动后开放 500ms，期间若阻抗元件动作则保持。

起动元件的动作方程为：

$$\Delta I > 1.25\Delta I_t + I_{th} \tag{4-18}$$

$$I_2 > 0.2I_n \tag{4-19}$$

式中，$\Delta I_t$ 为浮动门坎，随着变化量输出增大而逐步自动提高。取 1.25 倍可保证门槛电流始终略高于不平衡输出，保证在系统振荡和频率偏移情况下，保护不误起动。$I_{th}$ 为固定门坎。当相间电流的工频变化量大于 $0.2I_n$ 时，起动元件动作；$I_2$ 为负序电流。

阻抗保护试验采用试验仪的状态序列菜单完成。

注意：TV 断线时阻抗保护自动退出，正常状态时间应保证装置 TV 断线复归。“本侧电压投入”压板退出后，阻抗保护也自动退出。

### （六）复压方向过流保护

#### 1. 复合电压闭锁元件

复合电压元件是指相间电压低或者负序电压高，在控制字投入的情况下，过流保护默认经本侧复合电压元件闭锁，也可以通过专设的控制字选择是否同时经其他侧的复压元件闭锁。

各型号对于复压闭锁的处理并不相同，具体请参照说明书。

#### 2. 方向元件

方向元件采用正序电压，并带有记忆，在近区三相短路时方向元件无死区，采用零度接线方式，及采用对应相的正序电压与相电流进行比相，可以通过定值来选择方向是指向变压器还是系统，方向元件指向如图 4-12 所示。

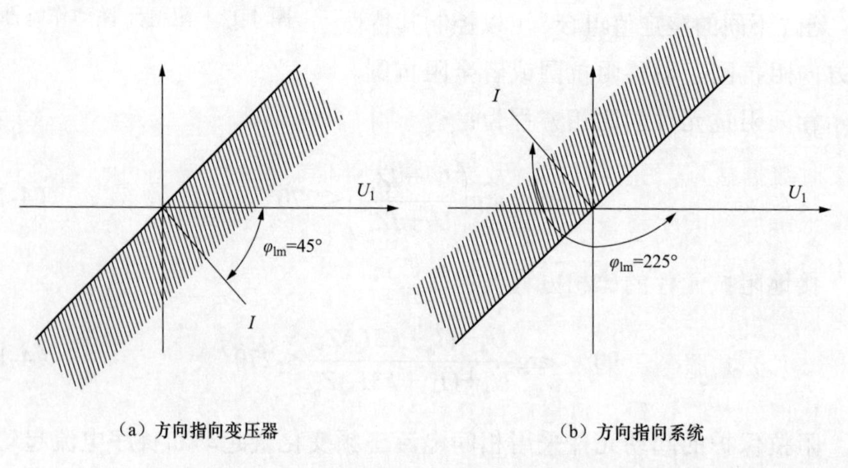


图 4-12　复压过流方向元件指向示意图

当“过流方向指向”控制字为“1”时，表示方向指向变压器，灵敏角 $\varphi=45°$；当“过流方向指向”控制字为“0”时，方向指向系统，灵敏角 $\varphi=225°$。

### （七）零序方向过流保护

零序过流保护主要作为中性点接地时接地故障的后备保护，相应也就装设在变压器中性点直接接地绕组侧。零序过流保护可以通过控制字选择是否经零序功率方向闭锁和经谐波闭锁。零序过流元件所使用的电流可通过控制字选择使用三相 TA 软件计算自产零序还是专用外接零序 TA。

零序方向元件使用的电压固定为自产零序电压，使用的电流可以通过定值选择用自产零序或者外接零序 TA。其方向指向可以在定值中整定指向变压器或者指向系统。当“零序方向指向”控制字为“1”时，方向指向变压器，方向灵敏角$\varphi$=255°；当“零序方向指向”控制字为“0”时，表示方向指向系统，方向灵敏角$\varphi$=75°。其动作特性如图 4-13 所示。

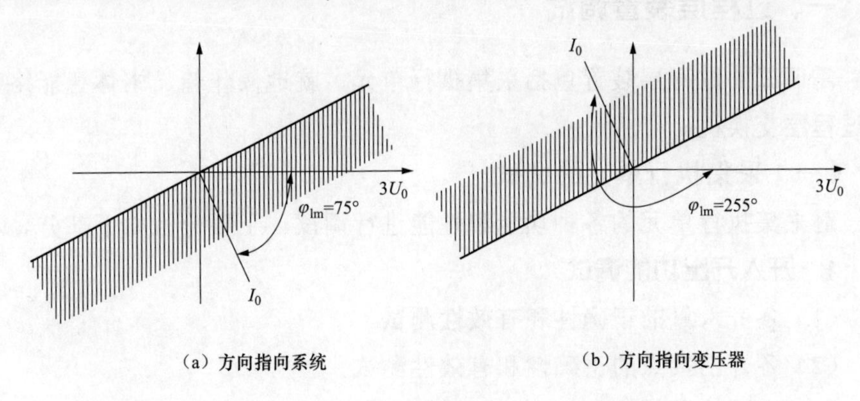


图 4-13　零序过流方向元件指向示意图

**（八）间隙保护**

保护设有一段间隙零序过流保护和一段零序过压保护，来作为变压器中性点经间隙接地运行时的接地故障后备保护。

间隙零序过流保护、零序过压保护动作并展宽一定时间后计时。考虑到在间隙击穿过程中，零序过流和零序过压可能交替出现，装置设有“间隙保护方式”控制字。当“间隙保护方式”控制字为“1”时，零序过压和零序过流元件动作后相互保持，此时间隙保护的动作时间整定值和跳闸逻辑定值的整定值均以间隙零序过流保护的整定值为准。

**（九）零序过压保护**

考虑到变压器电压侧通常为不接地系统，在发生接地故障时可能会出现过压的情况，所以保护在低压侧装设有一段零序过压保护，接入低压侧开口三角电压进行判别。

## 第二节　自动化设备调试方法

自动化设备调试内容包括全站过程层、间隔层、站控层二次设备，试验内容包括设备单体测试和二次系统间隔联合测试，以厂内联调为例，期望达到三个目的：①验证全站二次设备各项功能，提前发现问题并解决问题；②完成大部分现场调试工作，节约工程建设及现场调试时间；③为智慧变电站运行、维护、故障分析等技术服务奠定基础。

## 一、过程层装置调试

需调试的过程层装置包括采集执行单元、就地操作箱、本体智能终端和过程层交换机。

### （一）采集执行单元的调试

对采集执行单元的各种功能和性能进行调试。主要分为如下部分。

#### 1. 开入开出功能调试

（1）各开入量的正确性和有效性测试。

（2）各开出接点的正确性和有效性测试。

#### 2. SV 通信调试

（1）光口收发包正确性测试。包括各光口的收发包是否与设计预期相符、光口的配置及数量是否正确等。

（2）光口收发独立性测试。

（3）SV 报文规范性测试。包括每秒 SV 帧数的正确性和长期连续性、SV 报文的离散性（应小于 10μs）、测量值格式的正确性等。

（4）检修压板投入后 SV 报文中所有采样通道采样值品质描述中的 test 位都应置 1。

（5）合并单元自检告警时 SV 报文品质描述的正确性测试。

#### 3. 双 A/D 功能调试

（1）SV 报文中是否配置了双 A/D 输出，正常情况下双 A/D 数值是否一致。

（2）双 A/D 数值不一致时 SV 报文品质描述的正确性测试（先保留）。

#### 4. 其他功能调试

（1）通道延时测试（暂态测试）。

（2）采样同步误差测试。

（3）B 码对时的正确性测试。

（4）B 码信号丢失后 SV 报文品质描述（失步位）的正确性测试和守

时时间测试。

### （二）就地操作箱的调试

对就地操作箱的各种功能和性能进行调试。主要分为如下部分。

（1）分合闸回路的正确性测试。

（2）合后监视逻辑的正确性测试。

（3）重合闸功能的正确性测试。

（4）操作电源监视功能的正确性测试。

（5）控制回路断线监视功能的正确性测试。

### （三）本体终端功能调试

（1）各种非电量动作功能测试。

（2）调档及测温功能测试。

（3）闭锁调压、启动风冷等出口接点测试。

### （四）过程层交换机的调试

#### 1. 智能交换机通用性功能验证

以 Q/GDW 429—2010《智能变电站网络交换机技术规范》等强制性规范为依据，对过程层交换机的各种功能和性能进行调试。

（1）基本性能调试。

1）在流控关闭时进行交换机吞吐量测试，应等于端口速率×端口数量。

2）在满负荷情况下，交换机可以正确转发的帧速率测试，应等于端口速率。

3）100Mbit/s 网口出现持续 0.25ms 的 1000Mbit/s 突发流量时应不丢包，在任意 1000Mbit/s 网口出现持续 0.25ms 的 2000Mbit/s 突发流量时应不丢包。

4）MAC 地址缓存能力测试，应不低于 4096 个。

5）MAC 地址学习速率测试，应大于 1000 帧/s。

6）固有传输时延测试，传输各种帧长数据时应小于 10us。

7）全线速转发条件下的丢包（帧）率，应为零。

8）应支持简单网络时钟（SNTP）时钟传输协议，传输精度小于 1ms。

（2）网管功能调试。

1）数据帧过滤测试。应实现基于 IP 或 MAC 地址的数据帧过滤功能。

2）广播风暴、组播风暴和未知单播风暴抑制功能测试。

3）IEEE 802.1p 流量优先级控制测试。应提供流量优先级和动态组播过滤服务，应至少支持 4 个优先级队列，具有绝对优先级功能，应能够确保关键应用和时延要求高的信息流优先进行传输。

4）IEEE 802.1QVLAN 测试。包括支持基于端口或 MAC 地址的 VLAN 划分，单端口应支持多个 VLAN 划分，应支持在转发的帧中插入标记头、删除标记头和修改标记头等。

5）镜像测试。包括一对一端口镜像和多对一端口镜像，在保证镜像端口吞吐量的情况下，镜像端口应不丢失数据。

**2. 智能交换机智能性功能验证**

（1）IEC 61850 模型及文件服务。

使用 IEC 61850 客户端，连接交换机 MMS 口，召唤设备的 ICD 模型文件，连接完成后，对交换机进行智能监控，如图 4-14 所示。

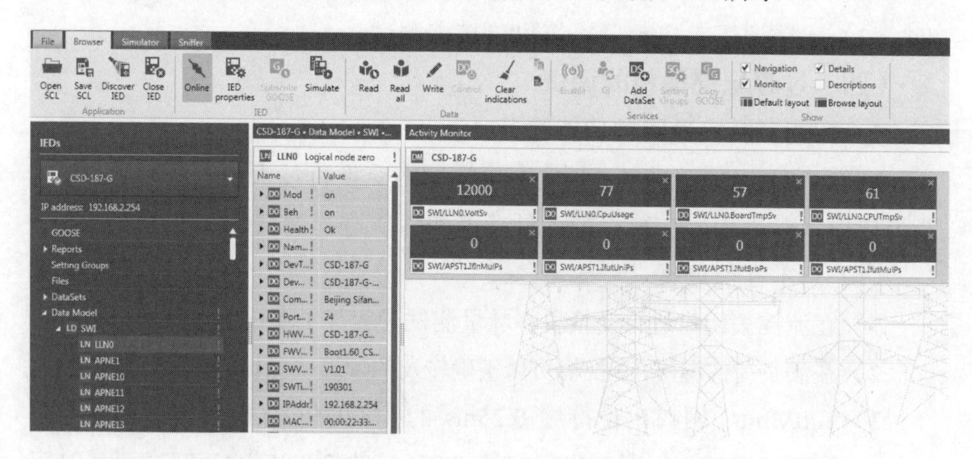


图 4-14　智能交换机监控示意图

（2）CID/CSD 文件离线配置。

进入交换机 web 配置界面，进入系统基本配置—配置更新界面，选择 CID 配置，如图 4-15 所示。

点击选择文件，选择要导入的 CID 或 CSD 文件。选择导入后，配置完成，如图 4-16 所示。

**3. 智能交换机与常规交换机的区别**

（1）智能交换机支持两个独立的 MMS 通信端口，用于调试、配置、监控。将业务口与管理口进行物理隔离，更安全。

（2）智能交换机支持 IEC 61850 模型及文件服务，可对设备运行状态监测及管理功能。

图 4-15　CID/CSD 文件离线配置画面

| 配置文件版本： | CSD测试 1.0 SW2 |
|---|---|
| 配置文件生成日期： | 2018-05-07T14:11:58 |
| 配置文件CRC： | 4daf2d69 |

| 序号 | 目的MAC地址 | VLAN | APPID | 端口列表 |
|---|---|---|---|---|
| 0 | 010c.cd01.0001 | 1 | 3001 | 1,3 |
| 1 | 010c.cd04.0001 | 1 | 4001 | 1,3 |
| 2 | 010c.cd01.0002 | 1 | 3002 | 2,3 |
| 3 | 010c.cd04.0002 | 1 | 4002 | 2,3 |
| 4 | 010c.cd01.0003 | 1 | 3003 | 2,3 |

图 4-16　CID/CSD 文件离线配置结果

（3）智能交换机可实现 CSD 文件的离线配置功能。

（4）智能交换机相比常规交换机有更好的安全性。具备人机安全、功能安全、存储安全、进程安全、运行环境安全等特性。

（5）智能交换机可同时支持装置故障和装置告警两路硬接点输出。

## 二、间隔层装置调试

### （一）测控装置的调试

#### 1. 间隔与公用测控装置调试

（1）面板功能检查。测试内容及要求见表 4-3。

表 4-3　　　　面板功能检查项目及要求

| 序号 | 测 试 项 目 | 要 求 |
|---|---|---|
| 1 | 液晶及工况指示灯显示检查 | 液晶屏应正确显示相应模拟量、状态量、软压板信息，各工况指示灯指示正常 |
| 2 | 菜单结构与版本核对 | 菜单结构符合“四统一”规范要求，程序版本与送检通过版本一致 |
| 3 | 断路器和隔离开关位置显示 | 对应断路器和隔离开关状态，面板显示正确 |
| 4 | 遥测显示 | 通过采集执行单元加模拟量；装置、后台显示正确 |
| 5 | 断路器和隔离开关就地控制 | 在测控装置面板上进行开出传动，相应断路器和隔离开关正确动作 |
| 6 | 装置异常测试：插件模件异常、参数校验错、站控层/过程层 GOOSE 总告警与中断、SV 总告警/失步/丢点/中断等 | 液晶面板弹出告警信息，告警灯显示正确，同时装置 Alarm 告警节点吸合 |
| 7 | 装置对时状态检查 | 对时方式与对时状态查看，对时异常指示灯状态正确 |
| 8 | 装置检修状态检查：将装置检修压板打上，检查装置信号是否能上传 | 后台同样置检修，并且根据要求灵活设置检修处理方式 |

（2）“四遥”功能测试。测试内容及要求见表 4-4。

表 4-4　　　　“四遥”功能测试内容及要求

| 序号 | 测 试 项 目 | 要 求 |
|---|---|---|
| 1 | GOOSE 遥信采集 | 能正确接收并处理相关采集执行单元通过 GOOSE 报文发送过来的开关、刀闸位置信号和各种遥信状态量 |
| 2 | SV 模拟量采集 | 能正确接收并处理相关采集执行单元通过 SV 报文发送过来的电流、电压数据，并据此进行有/无功率、功率因素、频率的计算 |
| 3 | 温度、湿度等直流量采集 | 能正确接收并处理相关采集执行单元通过 GOOSE 报文发送过来的温度、湿度等直流量数据 |
| 4 | GOOSE 遥控 | 能对相关采集执行单元正确发送 GOOSE 分/合闸、复归、调档等报文 |

（3）同期功能测试（母线及公用测控无需此项测试）。测试内容及方法见表 4-5。

表 4-5　　　　　同期功能测试内容及方法

| 序号 | 测试项目 | 测试方法 |
|---|---|---|
| 1 | 检无压 | 模拟断路器两侧均无压、断路器任意一侧无压，进行同期合闸操作 |
| 2 | 电压差 | 模拟断路器两侧电压差满足、不满足电压定值，进行同期合闸操作 |
| 3 | 相角差 | 模拟断路器两侧相角差满足、不满足相角差定值，进行同期合闸操作 |
| 4 | 频差 | 模拟断路器两侧频率差满足、不满足频差定值，进行同期合作操作 |
| 5 | 滑差 | 模拟断路器任意侧频率滑差满足、不满足滑差定值，进行同期合作操作 |
| 6 | TV 断线解锁同期功能 | 模拟 TV 断线环境，其他模拟量满足定值条件，然后进行检同期合闸、检无压合闸操作 |

（4）GOOSE 和 SV 报文接收断链告警测试。

测控装置需对要接收的每个 GOOSE 和 SV 报文链路的通信状况进行实时监视，一旦发现某个 GOOSE 或 SV 报文发生断链，应在装置液晶面板上以直观形式予以显示，并将相关断链信息发送监控系统。

（5）检修压板功能测试。

根据 Q/GDW 10427—2017《变电站测控装置技术规范中》“检修处理机制”部分的规定，装置正常运行状态下，正确转发 GOOSE 报文中的检修品质；装置检修状态下，上送状态量置检修品质，装置自身的检修信号及转发智能终端或合并单元的检修信号不置检修品质。装置处于检修状态，应闭锁远方遥控命令，响应装置人机界面的控制命令，硬接点正常输出，GOOSE 报文输出应置检修位。正确转发 DL/T 860.92 采样值报文的检修品质功能。逻辑闭锁功能中要求当其他间隔测控装置发送的联闭锁数据置检修状态且本装置未置检修状态时，应判断逻辑校验不通过；本装置检修，无论其他间隔是否置检修均正常参与逻辑计算.

**2．冗余后备测控装置调试**

冗余后备测控装置集成多个电气间隔的测控功能，可作为实体测控装置的集中后备装置，可同时为若干台按间隔配置的变电站测控装置提供应急备用服务。虚拟测控单元运行于冗余后备测控装置中，采用与按电气间隔配置的实体测控装置相同的模型、参数和配置等，实现间隔实体测控装置相同的功能。

（1）冗余后备测控面板功能检查见表 4-6。

**表 4-6　　冗余后备测控面板功能检查表**

| 序号 | 测试项目 | 要求 |
|---|---|---|
| 1 | 液晶及工况指示灯显示检查 | 液晶屏应正确显示相应模拟量、状态量、软压板信息，各工况指示灯指示正常 |
| 2 | 菜单结构与版本核对 | 菜单结构符合冗余后备测控技术规范要求，软件版本与送检版本一致 |
| 3 | 菜单检查内容 | 冗余后备测控中软压板名称与实体间隔测控名称一致 |
| 4 | 遥测显示 | 通过采集执行单元加模拟量；装置、后台显示正确 |
| 5 | 装置异常测试：<br>各插件软硬件异常、各插件之间的通信异常、配置异常、参数校验错误等 | 液晶面板弹出告警信息，告警灯显示正确，同时装置 Alarm 告警节点吸合 |
| 6 | 装置对时状态检查 | 对时方式与对时状态查看，对时异常指示灯状态正确 |

（2）冗余后备测控管理功能测试。

冗余后备测控装置具备以下管理功能：①支持同时运行至少 3 个虚拟测控单元；②独立建模上送装置的运行状态、故障告警信号、通信工况、软压板状态等信息；③支持远方投退、就地人工投入和自动退出各虚拟测控单元功能；④虚拟测控单元未投入运行时正常采集过程层信息并支持在液晶界面上按间隔进行查看，虚拟测控单元的站控层和过程层报文发送处于静默状态，不上送数据、不对外发送 GOOSE 报文，不接收站控层控制操作；⑤当装置自检故障时，闭锁投入虚拟测控单元；⑥对于已投入的虚拟测控单元闭锁控制出口；⑦各虚拟测控单元 GOOSE/SV 报文接收配置、功能行为与所替代实体测控装置一致；⑧当实体测控装置在线运行时，冗余测控装置闭锁对应虚拟测控单元的投入，对于已投入的虚拟测控单元自动退出功能；⑨通过检测测控装置的过程层、站控层 GOOSE 报文发送状态判别测控装置是否在线，虚拟测控单元的投入闭锁逻辑和自动退出逻辑详见表 4-7 和表 4-8。

表 4-7　　　　　　虚拟测控单元的投入闭锁逻辑表

| 站控层 GOOSE 报文发送状态 | 过程层 GOOSE 报文发送状态 | 虚拟测控单元是否允许投入 |
|---|---|---|
| 正常 | 正常 | 否 |
| 正常 | 异常 | 否 |
| 异常 | 正常 | 否 |
| 异常 | 异常 | 是 |

表 4-8　　　　　　虚拟测控单元的自动退出逻辑表

| 站控层 GOOSE 报文发送状态 | 过程层 GOOSE 报文发送状态 | 虚拟测控单元是否自动退出 |
|---|---|---|
| 正常 | 正常 | 是 |
| 正常 | 异常 | 是 |
| 异常 | 正常 | 是 |
| 异常 | 异常 | 否 |

（3）冗余后备测控切换功能测试。

冗余后备测控装置具备以下切换功能：①具备 GOOSE 出口使能硬压板，同时各虚拟测控单元应具备投入/退出软压板和 GOOSE 出口软压板，各虚拟测控 GOOSE 出口使能逻辑如表 4-9 所示；②按照虚拟测控单元数目设置就地状态硬压板，虚拟测控单元对应的就地状态硬压板投入后，虚拟测控单元处于就地状态运行。

表 4-9　　　　　　GOOSE 出口使能逻辑表

| 序号 | GOOSE 出口使能硬压板状态 | 各虚拟测控单元 | | |
|---|---|---|---|---|
| | | 投入软压板状态 | GOOSE 出口软压板 | GOOSE 出口状态 |
| 1 | 1 | 1 | 1 | 使能 |
| 2 | 1 | 1 | 0 | 闭锁 |
| 3 | 1 | 0 | 1 | 闭锁 |
| 4 | 1 | 0 | 0 | 闭锁 |
| 5 | 0 | 1 | 1 | 闭锁 |
| 6 | 0 | 1 | 0 | 闭锁 |
| 7 | 0 | 0 | 1 | 闭锁 |
| 8 | 0 | 0 | 0 | 闭锁 |

装置具备联锁/解锁切换功能，切换功能通过屏上的把手实现，当联锁/解锁切换把手切换至解锁状态后，装置所有虚拟测控单元均处于解锁状态。

还需要进行冗余测控装置虚拟测控单元投入响应时间和投入成功率检查，检查步骤如下：

1）冗余测控装置设置好对应实际数字化测控装置的虚拟测控单元，虚拟测控单元的“投入/退出”软压板都置于‘退出’状态。

2）将110kV线路测控装置断电。

3）手动投入冗余测控装置里对应110kV线路测控装置的虚拟测控单元的“投入/退出”软压板，再在对应间隔的采集执行单元进行开入变位，记录监控后台上冗余测控装置软压板变位报文时间和开入变位，两者时间之差即为虚拟测控单元投入时间，应不大于180s。

4）将110kV线路测控装置上电，检查冗余测控装置对应的虚拟测控单元的“投入/退出”软压板是否自动退出。

5）对于其他间隔数字化测控，采用同样方法对冗余测控的虚拟测控单元进行测试，虚拟测控单元投入时间都应小于180s，成功率应为100%。

（4）冗余后备测控检修功能测试。

装置的检修功能满足以下要求：①具备通过硬接点开入采集检修硬压板信号功能；②冗余测控装置检修状态下，上送的状态量置检修品质；③冗余测控装置检修状态下，闭锁远方控制虚拟测控单元投入/退出软压板的命令，就地可进行虚拟测控单元投入/退出控制；④各虚拟测控单元检修处理功能应满足Q/GDW 10427—2017中8.1～8.11的技术要求。

（5）对时功能测试。

冗余测控装置的对时功能满足以下要求：①支持接收IRIG-B时间同步信号；②支持基于NTP协议实现时间同步管理功能；③支持时间同步管理状态自检信息主动上送功能；④虚拟测控单元的同步对时状态指示标识与冗余测控装置的同步对时状态指示标识保持一致；⑤虚拟测控单元的时间同步管理状态自检信息与冗余测控装置的时间同步管理状态自检信息保持一致。

### （二）保护装置的调试

#### 1. 保护功能测试

（1）按各种保护说明书的要求，逐一进行各种保护逻辑正确性的测试。

（2）开出传动正确性测试。

（3）保护定值正确性测试。

（4）定值区切换正确性测试。

（5）打印测试。

**2．检修压板功能测试**

根据 Q/GDW 396—2009《IEC 61850 工程继电保护应用模型》中“检修处理机制”部分的规定进行如下测试：

（1）检修压板投入后，保护装置应通过 MMS 报文把检修压板的投入状态上送监控服务器等客户端。

（2）检修压板投入后，保护装置 MMS 报文中所有遥测、遥信点品质描述的 Test 位都应置 1。

## 三、站控层设备调试

需调试的站控层设备包括站控层交换机、后台监控、远动、图形网关机、保信子站、网络记录分析仪和故障录波器等。

### （一）站控层交换机的调试

站控层交换机的调试内容和过程层交换机基本雷同，不需要划分 vlan。

### （二）SCD、SSD 验证

（1）SCD 唯一性验证，全站只有一个 SCD 文件。

（2）通信参数唯一性验证，通过系统配置器查看全站 IP 地址不能冲突、iedname 唯一、mac 地址、Appid 地址通过系统配置器自动分配。

（3）通过系统配置器查看虚端子连接关系是否正确性，参考设计院虚端子表。

（4）检查 SSD 中变电站、电压等级、间隔、设备、连接点、端子的上下层次关系是否正确。

（5）检验拓扑连接的正确性，检查是否存在未连接的端子，检查是否存在未连接的连接点。

### （三）后台监控的调试

**1．权限维护功能**

权限维护包括：

（1）用户权限：根据用户身份的不同，授予相应的权限。

（2）增加用户：能够在用户权限允许的范围内正确添加用户。

（3）删除用户：能够在用户权限允许的范围内正确删除用户。

（4）修改密码：具有用户密码重置功能。

**2. 时间同步验证**

时间同步验证包括：

（1）站控层和间隔层设备基于 IRIG-B 码、NTP、PPS、时间报文对时方式下时间的准确性。

（2）检查所有站控层装置、间隔层装置、过程层装置的年、月、日、时、分、秒，应与北斗/GPS 时间一致。

（3）接入系统的设备对时准确度应满足相关设备的技术规范要求。

**3. 遥测功能测试**

（1）直流输入测试。

直流输入测试包括下列项目：

1）在间隔层选择一路或多路测控装置的直流信号输入端，施加直流模拟信号（电压型、电流型），在站控层检查数据的正确性。

2）在站控层设置相对应的越限值、复限值并启动告警，改变模拟装置的输出值超过越限值、满足复限条件，在站控层检查告警信息、打印记录、显示画面的正确性。

（2）模拟量交流输入测试。

模拟量交流输入测试包括下列项目：

1）在间隔层选择一路或多路测控装置的交流信号输入端，施加交流模拟信号（AC 电压、AC 电流），在站控层检测电压、电流、有功功率、无功功率、频率的正确性。

2）在站控层设置相应的越限值、复限值并启动告警，改变模拟装置的输出值超过越限值、满足复限条件，在站控层检测告警信息、打印记录、显示画面的正确性。

（3）采样值输入的检测。

采样值输入测试包括下列项目：

1）向测控装置发送 DL/T 860.92 采样值报文，装置应能正确接收 DL/T 860.92 采样值报文，并计算生成电压有效值、电流有效值、有功功率、无功功率、频率等数据。

2）在站控层设置相应的越限值、复限值并启动告警，改变模拟装置的输出值超过越限值、满足复限条件，在站控层检测告警信息、打印记录、显示画面的正确性。

**4. 遥信功能测试**

遥信测试包括下列项目：

（1）选择一路或多路状态量信号输入端，施加状态变位信号，检测装置面板和监控后台显示显示遥信状态的正确性。

（2）在站控层检测遥信变位时，告警信息、状态变位着色、闪烁、打印记录、显示画面的正确性。

（3）防抖时间应可设。

**5. 遥控功能测试**

遥控测试包括下列项目：

（1）在站控层的画面上选择一路或多路控制点，在装置上选择一路或多路遥信输入作为控制输出接点返回信号；在站控层进行遥控操作，检查遥控输出的正确性。

（2）进入控制操作时，系统应有授权、密码安全设置。操作过程应有记录并保存，所保存的记录不应可清除和修改，并返回给监控主机。

（3）按操作顺序进行操作确认，在站控层检查告警信息、打印记录、显示画面的正确性。

（4）在遥控操作过程中改变操作顺序、停止遥控操作，在站控层检测告警信息、打印记录、显示画面的正确性。

（5）结合遥控输出压板及手动远方/就地把手的投/退，进行遥控操作监护功能的测试；

（6）遥控在下列状态下不应操作：

1）在不具有控制权限的工作站上进行操作。

2）操作员没有相应的操作权限。

3）双席操作校验时，监护席无确认。

4）控制对象设置有禁止操作标识牌。

5）校验结果不正确。

6）遥控选择超时，本次遥控终止。

7）在一个控制点上进行某设备操作，在操作进行的同时在其他控制点对该设备进行操作。

**6. 一键顺控**

顺序控制测试应包括下列内容：

（1）监控主机与智能防误主机通信验证。

（2）监控主机内置防误闭锁校验。

（3）智能防误主机防误功能校验。

（4）在站控层顺序控制操作界面，检查显示的操作内容、步骤及操作过程等信息的正确性。

（5）顺控票预演，预演成功后执行顺控操作，检测控制操作的正确性。

（6）在顺控操作过程中出现异常情况时，提示错误，人工确认后可以选择“重试”“忽略”或“终止”。

（7）验证内容：运行转热备用、运行转冷备用、运行转检修、热备用转冷备用、热备用转检修、冷备用转检修等操作及其反向操作。

**7. 继电保护信息的采集和显示功能测试**

继电保护信息采集和显示功能包括：

（1）检测召唤保护定值数据的正确性。

（2）检测保护装置所有上送的告警和动作信号正确性。

（3）检测保护装置所有软、硬压板信号上送的正确性。

**8. 系统冗余可靠性验证**

（1）双网切换。

双网切换要求如下：

1）当站内采用双网设置时，中断其中一路网络，系统通信不应受到影响，数据不应丢失。

2）人为断开A网，用模拟器输出遥信变位，检查系统历史数据库数据，数据不应丢失。

3）人为断开B网，用模拟器输出遥信变位，检查系统历史数据库数据，数据不应丢失。

（2）双机切换。

主备模式运行的监控系统需配置两台以上监控主机同时运行监控系统，当主机故障时能自动/主动切换到备机运行。具体要求如下：

1）主动切换验证：先在平台监视工具中查看各个服务器，确保系统运行正常，通过人工切换，从监控主机 1，切换到监控备用机 2，检测系统运行状况，应运行正常；再切换到监控主机 1 检测系统运行状况应正常。

2）自动切换验证：先在平台监视工具中查看各个服务器，确保系统运行正常，关闭监控主机 1，系统应能自动切换到监控备用机 2，检测监控备用机 2，应运行正常；启动监控主机 1，当监控主机 1 运行正常后，关闭监控备用机 2，系统应自动切换到监控主机 1，并且运行正常。

3）切换过程检测：系统在双机切换时，用模拟器输出遥信变位，切换完成后检测系统历史数据库，应无数据丢失。

4）在主动/自动切换时，记录切换时间不应大于 60s。

（3）数据服务器主备一致性验证。

对有两台数据服务器的变电站监控系统上进行数据服务器主备一致性验证，首先停止其中一个数据服务器的节点，并模拟一系列遥测、遥信变化，再启动这个数据库服务器节点，检查各机上数据记录应一致。

**9．人机界面功能测试**

图形界面应满足 Q/GDW 11162 要求，应具有下述功能：

（1）图形应包括主索引图、主接线图、分间隔图、设备工况图、通信链路状态图等。

（2）应有数据信息可视化展示，数据可实时刷新、拓扑等。

（3）应有告警与告警抑制功能，告警方式包括画面推出、音响等。

**10．防误操作闭锁逻辑测试**

防止误操作闭锁逻辑测试应包括防止误操作断路器的闭锁逻辑测试、防止带负荷拉隔离开关的闭锁逻辑测试、防止带电挂接地线的闭锁逻辑测试、防止带接地线送电的闭锁逻辑测试、与锁具结合时的防止误入带电间隔的闭锁逻辑测试。

**11．统计计算**

统计计算功能包括：

（1）检测有功功率总加、无功功率总加功能的准确性。

（2）检测日平均值、日最大值、日最小值及其发生时间的处理，日、月、年负荷的峰谷值、平均值和负荷率的计算。利用实测值来计算用户需要的各类数值。

（3）统计断路器动作次数、事故跳闸次数、遥测越限时间和次数、遥控及遥控正确率、遥调次数、电压合格率等。

（4）统计计算安全运行天数，在系统连续运行 48h 后，检测安全运行天数计算的正确性。

**12. 同期功能测试**

同期功能测试包括：

（1）依据同期整定值（压差、频差、角差、无压定值），检测同期操作功能，在满足整定条件时应正确动作。

（2）检测断路器强制合闸功能正确性。

（3）检测同期电压回路断线报警及闭锁同期功能正确性。

**13. 系统性能验证**

（1）系统响应时间。

系统响应时间主要指标如下：

1）模拟量信息响应时间≤2s。

2）状态量信息响应时间≤1s。

3）遥控执行时间≤2s。

4）实时画面的响应时间≤1s，其他画面≤2s。

5）画面数据刷新周期可设，可根据用户需要设置，最低不小于 1s。

6）主备服务器自动切换时间≤60s。

（2）系统负荷率指标。

系统负荷率主要指标如下：

1）CPU 正常负荷率≤30%。

2）事故情况下（10s 内）CPU 负荷率≤50%。

3）网络正常（30min 内）负荷率≤20%。

4）事故情况下（10s 内）网络负荷率≤40%。

**14. 安全验证**

（1）验证使用的操作系统是否为国产安全操作系统，如凝思操作系统。

（2）验证非必要端口、服务是否关闭。

（3）用第三方漏扫软件（如绿盟）对监控系统主机进行安全漏洞扫描。

## （四）远动机的调试

**1. 间隔层装置的 MMS 通信验证**

（1）远动机和间隔层各装置进行 MMS 通信，检查和各装置的通信是否正常以及能否正确采集到所需的数据信息。在远动机上应能显示和各装置当前的通信通断情况。

（2）对某个间隔层装置进行插拔网线的操作，检查远动机和该装置之间从通信正常到通信中断、再到通信正常的过程是否正确和完整。

（3）远动机的双网切换测试。

**2. 远动规约验证**

按设计院出的远动转发信息点表对远动机进行转发信息配置，和系统集成商提供的104远动规约模拟主站软件进行规约通信，验证远动通信的可用性和正确性。

**3. RCD功能验证**

（1）厂内模拟主站，实际对点，验证RCD文件转发信息、以及转发信息与接入点对应关系，包含合并点的验证。

（2）RCD文件导入和导出功能的验证。

**4. 程序化控制功能测试**

（1）运动机与站内一键顺控主机通信正常验证。

（2）远动机与主站系统通信正常验证。

（3）模拟主站，主站操作票调阅命令功能验证，操作票正常展示。

（4）模拟主站，主站进行操作票模拟预演，远动和监控系统正确执行指令。

（5）模拟主站，主站进行一键顺控操作执行，远动机监控系统正常执行指令。

### （五）主变压器过负荷联切和低周低压减载

**1. 保护功能测试**

（1）按说明书的要求，逐一进行各种保护逻辑正确性的测试。

（2）开出传动正确性测试。

（3）保护定值正确性测试。

**2. GOOSE和SV报文接收断链告警测试**

装置需对要接收的每个GOOSE和SV报文链路的通信状况进行实时监视，一旦发现某个GOOSE或SV报文断链了，应在装置液晶面板上以直观形式予以显示。